KB097078

사뮈엘오귀스트 티소(Samuel-Auguste Tissot, 1728~1797)
1728년 스위스 로잔 근처 그랑시에서 태어나 프랑스 몽플리에 의과대학에서 박사학위를 취득했다. 로잔을 중심으로 활동하며 시골 지역에 창궐한 천연두를 치료해 '빈자의 의사'라는 칭호를 얻기도 했고, 특히 『접종의 당위성』(L'noculation justifiée, 1754), 『민중의 건강을 위한 제언』(Avis au peuple sur sa santé, 1763), 『오나니슴』(L'nanisme, 1764) 등 획기적인 저술로 의학의 대중적 계몽에 앞장서며 유럽 전역에서 명성을 떨쳤다. 당시 수많은 귀족이 그의 의료적 소견을 청할 정도였고, 당대 계몽사상가들과도 친분이 두터웠으며, 장 자크 루소와는 주치의로서 누구보다 친밀한 관계를 유지했다. 전통에 얽매이지 않고 경험에 근거한 임상과 환자의 심리 상태를 적극 반영한 혁신적 치료 행위를 펼친 것으로 유명하다.

성귀수
시인, 번역가. 연세대학교 불어불문학과 대학원에서 문학박사 학위를 받았다. 시집 『정신의 무거운 실험과 무한히 가벼운 실험정신』, '내면일기' 『숭고한 노이로제』를 펴냈다. 디누아르 신부의 『침묵의 기술』, 아폴리네르의 『내 사랑의 그림자(루에게 바치는 시)』, 래그나 레드비어드의 『힘이 정의다』, 가스통 르루의 『오페라의 유령』, 아멜리 노통브의 『적의 화장법』, 장 퇼레의 『자살가게』, 모리스 르블랑의 『결정판 아르센 뤼팽 전집』(전10권), 수베 스트르와 알랭의 『팡토마스』(전5권), 조르주 심농의 『매그레 시리즈』(공역, 전19권), 크리스티앙 자크의 『모차르트』(전4권), 조르주 바타유의 『불가능』, 베르나르 미니에의 『물의 살인』(전2권), 힐레어 벨록의 『노예국가』 등 백여 권을 우리말로 옮겼다.
2014년부터 사드 전집을 기획, 번역하고 있다.

표지 그림: *Scribe At Desk* (1801), Pietro Palmieri the Younger

읽고 쓰는 사람의 건강

장 자크 루소 주치의의
지식인을 위한 처방전

읽고 쓰는 사람의 건강

사뮈엘오귀스트 티소 지음

성귀수 옮김

옮긴이의 말
루소의 주치의가 쓴 정신노동자를 위한 건강론

사뮈엘오귀스트 티소Samuel-Auguste Tissot(1728~1797)는 스위스 로잔 근처 그랑시라는 마을에서 태어나, 프랑스 몽플리에 의과대학에서 스물두 살 나이에 박사학위를 취득해 의사가 되었다. 그는 전통에 얽매이지 않고, 경험에 근거한 혁신을 주저하지 않으며, 환자의 내밀한 심리 상태를 적극 반영하는 의료 행위로 유명했다. 스위스 로잔을 발판으로 활동하면서 당시 시골 지역에 창궐한 천연두를 치료해 '빈자貧者의 의사'라는 칭호를 얻기도 했다. 특히 그는 『접종의 당위성』L'Inoculation justifiée(1754), 『민중의 건강을 위한 제언』Avis au peuple sur sa santé(1763), 『오나니슴』L'Onanisme(1764) 등 획기적인 저술 활동으로 의학의 대중적 계몽에 앞장서며 유럽 전역에서 명성을 얻었다. 폴란드 왕과 하노버 선제후를 비롯한 수많은 귀족이 그의 의료적 소견을 청해 들었으며, 당대 계몽사상가들과 벗으로 지내는 가운데 장 자크 루소와는 주치의로서 누구보다 친밀한 관계를 유지했다고 문학사에 기록되어 있다.

국내에 처음 소개하는 티소의 글인 이 문헌의 원제는 '문인文人의 건강에 관하여'De la santé des gens de lettres다. 로잔 아카데미의 의학강좌 개설을 기념하기 위해 1766년에 발표한 라틴어 논문 「문인의 병약함에 관한 학술적 담화」Sermo academicus de litteratorum valetudine를 자신이 직접 프랑스어로 번역, 증보해 1768년 책으로 출간한 것이다. 당시 의학 관련 문서는 언제나 라틴어로 작성되었는데, 내용을 대중적으로 널리 알릴 필요가 있을 때 프랑스어로 번역하는 작업이 수반되곤 했다. 요컨대, 책의 탄생 과정 자체가 그 시대에 활발히 전개되던 계몽사상과 맥이 닿아 있었던 셈이다. 출간 이후 이 책은 18세기가 저물기까지 30여 년간 독일어, 영어, 이탈리아어, 에스파냐어, 폴란드어로 번역되어 유럽 전역으로 퍼져 나갔고, 19세기로 접어들면서는 이를 모방한 유사 문헌이 연이어 출간되어 인기를 누리기도 했다.[1)]

본문에서 '지식인'으로 번역한 'gens de lettres'는 직역하자면 '문인' 또는 '문필가'가 되겠지만, 오늘날의 철학, 인문과학, 사회과학 전반을 포괄하는 18세기 문학의 폭넓은 개념을 전제로[2] 좀 더 자세히 그 의미를 짚어 볼 필요가 있다. 다음은 볼테르가 쓴 『철학사전』에 소개된 '문인'의 개념이다.

> 문인이란 세상에 흩어져 있는 생각하는 소수에게 지대한 영향을 미치는 자로, 대학 강단에서 궤변을 일삼거나 아카데미에서 어설픈 말을 내뱉기보단 서재에 혼자 틀어박혀 글을 쓰는 진짜 박식한 사람savant이다. 이들은 거의 모두 박해받은 경험을 가지고 있다. 원래 인간이라는 가련한 종족이 그런 식으로 생겨 먹어서, 탄탄대로를 걷는 자들은 새로운 길을 제시하는 사람에게 항상 돌을 던지기 마련이다.[3]

제도권에 안주해 체제 유지를 도모하기보다 독자적인 연구를 바탕으로 혁신을 주창하는, 또 그를 위해 박해를 무릅쓰는 진보적 지식인의 이미지가 떠오른다. 볼테르 자신을 비롯해 혁명적 사상으로 무장한 당대 철학자의 모습에 다름 아니다. '지식인'intellectuel이라는 용어가 통용되기 한참 전이지만,[4] 이 책에서 'gens de lettres'를 '지식인'이라 옮기는 데 문제는 없어 보인다. 다만 그 용어가 포괄하는 철학 내지 인문사회학적 의미는 볼테르가 『철학사전』에서 요약한 수준을 크게 벗어나지 않는다. 이는 티소가 책의 처음부터 끝까지 어디까지나 의사로서 의학적 관점을 유지하고자 철두철미 자기통제를 관철한 덕분이다.

> 형이상학은 정신이 육체에, 그리고 육체가 정신에 영향을 미치는 근본 원인 자체를 탐구합니다. 반면 의학은 이보다 덜 거창할진 모르나 좀 더 확실한 과제를 파고들죠. 의학 연구는 인간을 구성하는 두 실체(정신/육체)의 상호작용을 그 원인까지 거슬러 오르지 않고, 그것의 구체적인 현상만 면밀하게 관찰하는 것으로 족합니다. 몸의 어떤 움직임이 필연적으로 정신의 어떤 변화를 유발하는지, 정신의 어떤 상태가 필연적으로 육체의 어떤 변화를 불러일으키는지가 경험을 통해 의학적 지식으로 축적되죠. 예컨대 정신이 사고에 몰두하면 뇌의 일부가 긴

> 장 상태에 들어가 뇌 조직에 피로가 쌓이는 식입니다. 의학은 연구 범위를 그 이상으로 확대하지 않으며, 그 너머는 의학적 지식의 대상이 아닙니다.[5]

지식인의 건강 문제, 그 삶의 방식을 병리적 차원에서 면밀하게 고찰함으로써 티소는 지식인을 정의하는, 어디서도 구경해 보지 못했지만 누구나 고개를 끄덕일 만한 참신한 방법을 손에 넣은 듯하다.

> 공부로 인한 자기 긍정의 고정관념이 지적 수준에 편승하는 자존감과 더불어 상승작용을 일으켜, 그들은 자신의 생활 태도가 좋지 않다는 충고를 좀처럼 귀담아듣지 않습니다. (……) 요컨대 지식인이란 다루기 가장 어려운 환자라 할 수 있습니다.[6]

의사의 눈에 비친 지식인은 잠재적 환자, 그중에서도 의사 말을 잘 듣지 않는 까다로운 환자일 뿐이다. 건강한 경우가 아주 없는 건 아니나, 지식인의 필수 조건에 포함된 병적 요소가 의사의 예리한 시각을 비껴가기는 어렵다. 자연스러운 발병도 문제지만, 지식인이라는 정체성 자체에 내재하는 위험을 티소는 여러 각도로 끊임없이 경고한다.

> 고행수도승처럼 그들은 자진하여 고행했는데, 그로써 사회에 돌아오는 이득은 결코 가벼운 것이 아니었죠. 오직 고행의 수단만이 서로 달랐습니다. 한쪽은 타는 듯한 열기와 혹독한 냉기에 자신을 그대로 내맡깁니다. 못이나 사슬, 채찍으로 살점을 찢습니다. 다른 쪽은 책과 원고, 고대 인장, 비문碑文, 암호문에 둘러싸여 자진自盡합니다. 지식인의 질병 원인인 '전적인 부동자세'에 속절없이 자신을 내맡김으로써 서서히 죽어 가는 것이죠. '전적인 부동자세'가 얼마나 위험한가는 인간의 신체 구조를 일별하는 것만으로도 충분히 깨달을 수 있습니다.[7]
>
> 인간의 뇌에 생기는 질병은 근본적으로 완쾌가 어려우며, 뇌 자체가 회복이 매우 더딘 기관입니다. 뇌는 지식인에게 꼭 필요한 기관인 만큼 지식인 스스로 잘 관리하지 않으면 안 되죠. 과도한 공부로 정신 기능을 마모하는 바람에 백치 상태로 추락한 이의 처지야말로 지식인에

게 정신이 번쩍 들게 해 절제라는 혹독한 교훈을 주리라 생각합니다. 그러니 지식인은 자신의 위험한 오판을 합리화하겠다며 버티는 짓을 삼가야 합니다.8)

지식인의 성향이란 원래 극단으로 치닫기 쉬워, 대단히 비활동적인 상태에서 매우 활동성이 강한 상태로 갑작스럽게 이동하는 수가 있습니다. 며칠 운동을 많이 하면 오랫동안 운동하지 않고 지낸 시간을 만회할 수 있다고 혼자 상상하는 건데, 아주 위험한 착각이죠.9)

대부분 지식인은 매일 그런 식으로 마시지 않더라도 애용할 만한 요법으로 봐주자는 편입니다. 이런 태도는 누구나 필요에 따라 변질되기 십상인 만큼 위험하다고 보아야 합니다. 요컨대 인간은 독살된다는 걸 알면서도 그 독이 달콤하기에 기꺼이 삼키는 존재입니다.10)

지식인은 피가 머리로 몰리는 경향이 있습니다. 따라서 치명적인 사태를 미리 예방하는 데 절대 소홀해선 안 됩니다. 공부를 조금 더 하겠다고 찬물에 적신 수건으로 이

마를 동여매는 무모한 사람이 실제로 있습니다. 이건 정말 위험한 짓이며, 절대 하지 말라고 충고하는 바입니다.[11]

그러나 변비를 앓는 지식인이 어떤 결정을 하든, 나는 하제 요법을 자주 쓰는 것에 대한 위험을 경고하지 않을 수 없습니다. 빈번한 하제 요법은 빈속이 되는 상태에 익숙하게 만들어 결국에는 심신 쇠약을 유발합니다.[12]

엄밀하게 의학적 관점에서 진단한 지식인의 정체성은 '장시간 책상에 붙어 앉아 치르는 정신노동'des métiers sédentaires으로 요약된다. 그것은 사회에 도움이 될지언정 당사자의 건강에는 백해무익한 일이다. 신경계를 매개로 한 정신노동과 신체 건강의 상관성을 설명하는 대목에서 저자는 스트레스에 대한 정신신체의학적psychosomatique 이해의 한 경지에 이른 느낌이다.

신경은 인간이라는 장치의 중요한 부속입니다. 몸의 어떤 기능에 문제가 생기면 신경이 곧바로 영향을 받죠.

(……) 몸과 정신을 잇는 신경은 그 둘에서 일어나는 각종 오류와 과잉의 부담을 서로 받아 내면서 어느 한쪽의 장애를 다른 쪽으로 전달합니다. 그런 식으로 정신이 몸을 해치고 몸은 정신을 해치는 악순환이 되풀이되는 셈이죠. 결국 몸과 정신이 각각 자신을 해치며 신경 체계를 파괴하는 것입니다.[13]

이제 정신노동을 그만두지 않는 한 지식인은 머리와 눈, 위장을 보호할 대책부터 한시바삐 서둘러야 할 판이다. "제일 먼저 벌받을 곳"[14]이 바로 그 신체 기관이기 때문이다.

하루 대부분의 시간을 책상에 붙어 앉아 머리만 쓰는 사람의 건강 문제가 의학적 화두로 거론되는 건 18세기 이전만 해도 생각하기 어려운 일이었다. 건강에 관한 담론은 대개 몸이 고될 수밖에 없는 육체노동자의 전유물로 이해되었기 때문이다. 그러나 계몽시대에 들어와 사회 전반에 걸쳐 문명 비판의 시류가 본격화되자, 두뇌 활동의 과잉이 초래하는 병리 현상을 각성할 필요성이 현저하게 대두되었다. 문명화 속도가 점점 빨라지고 정신에 가해지는 자극의 강도 또한 거세지는 추세 속에 책상에 붙어 앉아 시간을 보내는 지식인의 생활양식과 그 부작용이 가세한 결과였다. 『읽고 쓰는 사람의 건강』은 의료적 관점에서 지식인의 정체성을 최초로 고민하고, 그에 따른 건강 문제의 대비책을 진지하게 모색하는 가운데 의학의 대중화에 성공적으로 공헌했다는 점에서 중요한 문헌으로 평가받고 있다. 장자크 루소의 주치의가 권하는 계몽시대의 건강 정보와 조언이 오늘의 지식인 독자에게도 소중한 각성과 매력으로 다가갈 수 있길 기대한다.

2021년 4월
성귀수

머리말

나는 이 논문을 프랑스어로 세상에 내놓을 생각을 해 본 적이 없다. 누군가 프랑스어로 번역한 원고를 디도 씨와 그라세 씨에게 가져다준 모양인데, 그 출판도 내가 만류했다. 새로운 라틴어 판본에서 수정할 생각이지만, 일단 논문 자체의 결함도 결함이거니와 연설문이라는 형식이 아무래도 원래 대상으로 삼은 자들에게 어울리는 지금의 언어 그대로 두기를 요구하는 것 같았다. 그러던 중 나는 계획을 바꿀 수밖에 없었다. 파리에서 누군가 펴낸 가증스러운 번역본[1]이 1768년에 그걸 직접 재출간해야겠다는 생각을 갖게 한 거다. 내 이름을 도용했을 뿐, 역자가 아무리 대중을 속이려 했어도 결코 내 것일 수 없는 그런 형편없는 책을 썼다는 오명을 벗을 길은 그것뿐이었다.

처음에는 원본에 맞춰 수정하자고 제안했다. 단지 충

실한 번역본을 하나 내자는 뜻이었다. 하지만 그게 불가능하고 전면 개작하지 않을 수 없게 되자 나는 새로운 라틴어 판본을 위해 준비해 둔 모든 보충 내용과 수정할 부분을 삽입하기로 결정했다. 그리하여 책을 거의 새로 썼는데,[2] 안타깝게도 사정상 서둘러 작업한 티가 확연했다. 덕분에 추기경 뒤페롱이 말한 진리를 다시금 확인하는 계기가 되었다. 책이란 인쇄된 상태보다 원고 상태에서 그 결함을 더 잘 파악할 수 있으며, 그렇기 때문에 일단 저자와 친구 몇 사람만을 위한 예비 판본을 만드는 것이 바람직하다는 진리 말이다.

이 책에 대하여 대중은 환영의 뜻을 표했고, 내가 높이 평가하는 신문들도 호평을 쏟아냈다. 결국 나는 1769년 재판을 찍으면서 다시 손질을 가했고, 일부는 전에 미처 손대지 못한 부분을, 나머지는 새로운 내용을 보강해 분량을 확대하기에 이르렀다. 말하자면 그 책으로부터도 상당한 증보가 이루어진 셈이다.

이제는 지식인의 건강에 관한 저술이 차고 넘치지만, 감히 말하건대 내가 이 문제를 다룰 때만 해도 비교적 생소한 주제였다. 부디 양식 있는 사람들이 이 책을 읽고 나서는 더 이상 그런 느낌을 갖지 않길 바란다.

나는 사회의 지식인 계층과 그 밖에 다른 계층의 건강 상태에 차이를 만드는 모든 사정을 챙기려 노력했고 가능한 한 명확히 그 결과를 밝혔다. 그리고 계속 방치하다가는 결코 건강할 리 없는 생활의 위험 요소를 줄이는 데 가장 적절해 보이는 지침을 제시했다. 남을 계도하는 일에 몸 바치는 존경할 만한 부류의 사람들이 이 책에서 약간의 조언이라도 받아들여 마치 소명처럼 감내하는 고통을 줄일 수만 있다면 나는 만족할 것이다. 나아가 자신의 건강 상태에 대한 의미심장한 관찰 결과를 일일이 작성해 내게 제공해 준다면 그들 스스로 이 저작의 완성에 결정적인 기여를 하는 셈이다.

식이요법에 관해서는 딱히 새로운 내용이 없을 것이다. 그 문제에 내가 제시한 거의 모든 조언은 건강 유지를 논한 대다수 저자의 글에 이미 다 나오는 얘기다. 하지만 익히 알려진 방법이라도 정작 필요한 사람 손에 들어가면 전혀 새로운 방법이 된다.

요즘은 프랑스 서적에서 각주를 통한 인용 처리를 폐기하는 분위기지만, 나는 그와 같은 인용 방식이 유용해 보여 끝내 고수하고 있다. 주제를 샅샅이 파헤쳐 더 이상 할 말을 남기지 않는 저자는 각주를 통한 인용이 필요치 않을 것이다. 그러나 유감스럽게도 나는 그렇지 못하다. 나와 같은 작업을 다시 하게 될 자들이 자료를 길어 올 곳을 쉽게 찾도록 해 주려면 반드시 구체적인 인용을 해 줄 필요가 있다. 나만의 연구 결과를 담은 책에서는 그렇게 하지 않았으나, 남의 연구 성과를 이용할 경우 지면 맨 아래 몇 자 적어 고마움이라도 표하는 것이 굳이 나쁜 일이라고는 할 수 없겠다.

1775년 1월 6일, 로잔에서

읽고 쓰는 사람의 건강

1

나는 오늘 이 학회의 초청을 받아 사상 처음 강단에서 본격 논의될 지식을 소개하러 여러분 앞에 섰습니다. 처음에는 학계가 수세기에 걸쳐 활발히 논의해 온 다른 학문과의 관계부터 고찰하고 그 상호 간에 어떤 도움이 오갔는지 추적해 볼 생각이었습니다.

종교로부터 얼마나 중요한 요소를 끌어왔는지 밝힐 수 있다면 참 뿌듯했겠죠. 의술 지식을 함부로 욕보이려는 기만술을 좌절시켜도 좋았을 겁니다. 하지만 저는 가장 완벽한 상태의 피조물을 대상으로 연구를 거듭한 끝에, 건강한 인간의 경이로운 신체 메커니즘과 병든 인간의 어쩌면 보다 더 경이로울 수 있는 치유 과정을 통해 창조주의 영원한 지혜를 명명백백 드러내 보임으로써 오히려 이 지식이 종교에 얼마나 많은 광명을 가져다주었는지 입증하고자 합니다. 신성을 잊어버린 사람들을 한번 가정해 봅시다. 의사는 의학이라는 지식을 활용해 불멸의 존재에 대한 숭고한 의식을 갖게 하여 이들을 곧바로 회복시켜 줍니다. 세상 그 누구도 의사만큼 정확하고 권위 있게 신을 대변하지 못할 테니까요.

제가 마음만 먹으면 얼마나 많은 이름을 줄줄이 댈지 알 수 없습니다. 과연 그중 진정한 의학의 아버지인 히포크라테스를 빠트리겠습니까? 그는 최초로 이렇게 기술한 저자였죠. 세상에 우연이란 없다. 우발적이라 칭하는 모든 사태는 지고한 존재의 의지에서 비롯한 것이다! 이런 히포크라테스 바로 옆자리는 갈레노스 차지입니다. 인간의 엄지가 갖는 경이로움이란 그것이 곧 신이 존재함을 보여 주기 때문임을 천명했거니와, 『인체 여러 부위의 용도에 관하여』라는 자신의 저술을 신의 영광을 위한 기념비라 칭했던 자이니 말입니다.

의사가 식견을 갖출수록 미신을 멀리하고 그 모든 관행에 거부감을 표하는 건 사실입니다. 학사가 사기 소신에 입각해 진실된 처방인 양 제시하는 온갖 과도한 상상이랄지 기상천외한 몽상의 산물에 대해서도 마찬가지죠. 의사는 진리를 대체하려는 이 허깨비를 비웃고, 신체 한복판에 어둠의 기운을 끌어들이길 거부합니다. 그렇기에 중상모략의 빌미를 최소화하려는 저들에게 툭하면 이의 제기와 비방, 욕설과 모함이 쇄도하는 것이죠.

나라면 풍속에 관한 지식과 건강에 관한 학문이 서로 맺은 의존 관계, 그 완벽한 결속력을 발전시키는 데 기꺼이 매진할 것입니다. 특히나 히포크라테스와 갈레노스라는 위대한 두 거장이 최초로 길을 연 만큼 더욱 확신을 갖고 그 길을 걸어갈 겁니다. 히포크라테스는 단식에 관한 소논문에서 인간 영혼의 동등성을 주장하는 데 거의 모든 지면을 할애하면서 인간의 절제 또는 무절제의 정도가 그들의 지혜 또는 어리석음의 정도를 모조리 확인시켜 준다고 역설했습니다.

갈레노스는 다양한 몸 상태가 마음의 기능에 미치는 영향을 성공적으로 보여 주었죠. 지금으로부터 1600년도 더 이전에 그는 젊은이의 교육을 책임진 철학자들에게 행실이 방탕한 학생을 자신에게 맡겨 달라고 부탁했습니다. “음식 섭취에 따라 누구는 더 점잖고 누구는 더 문란하며, 누구는 무절제하고 누구는 진중하고, 대담하고, 소극적이고, 온화하고, 겸손하고, 까다로워질 수 있음을 좀처럼 믿지 못하는 젊은이들을 내게 보내 주시오. 그들이 무엇을 먹고 마셔야 좋을지 내가 가르쳐 주겠소. 그리하여 통찰력과 기억력을 강화하고 보다 현명해져 열심히 노력하는 사람으로 탈바꿈하면, 철학하기에 보다 적합한 정신력과 마음가짐을 갖춘 자신을 발견하게 될 것입니다. 내가 그들에게 가르치는 것은 단지 음식과 음료 문제만이 아닙니다. 바람의 영향과 주위를 에워싸는 공기의 온도, 가까이 하거나 피해야 할 환경까지 포괄하지요."[1)]

의학과 관련 있는 물리학의 모든 문제를 다루고자 한다면 물리학 대부분을 두루 섭렵해야 할 겁니다. 자연을 관조하는 일에 매진한 최초의 현자들은 병의 치유에도 매진했으며, 피타고라스와 엠페도클레스, 데모크리토스를 비롯한 철학자들이 의학과 물리학의 더없이 아름다운 지혜를 하나로 모았죠. 두 학문을 최초로 나누어 살핀 사람이 바로 히포크라테스입니다. 이는 지식을 영원히 분리하기 위함이 아니라, 한 사람이 전체를 다룰 수 없을 만큼 방대한 학설을 분야별로 정리해 보자는 뜻이었습니다.

그중 물체에 관한 분야가 물리학이라는 명칭을 얻고, 그 밖에 다른 분야는 각기 다루는 물체의 종류에 따라 걸맞은 명칭을 부여받았던 것이죠. 인간의 몸은 의학의 대상이 됩니다. 물리학을 배제한 의학이란 대체 무엇일까요? 물체의 속성과 힘, 운동법칙에 완전히 무지한 사람은 치유 기술을 결코 터득할 수 없습니다. 의학 교수는 그와 같은 학생을 제자로 삼으려 들지 않을 겁니다. 그런데 의학이 물리학에 많은 빚을 진 반면 그만큼 많은 것을 베풀기도 하죠. 의사들의 노력으로 물리학이 얼마나 풍요로워졌습니까? 천문학의 주요 인물인 코페르니쿠스가 바로 의사였습니다. 1582년 로마의 의사인 릴리오[2]는 역법의 진정한 개혁자였고요. 그거야말로 오늘날엔 보편적인 지식이지만, 200년 전에는 매우 희귀한 이해력을 요하는 작업이었죠. 전기현상을 최초로 해명한 사람 또한 영국인 의사 길버트[3]였습니다. 옥스퍼드 출신 의사 보일[4]만큼 물리학에 공헌한 학자도 아마 없을 겁니다. 부르하버[5]는 물질의 구성 성분에 대한 경험을 바탕으로 물리학의 새로운 국면을 보여 주었죠. 독일에선 J. 게스너[6] 이상으로 훌륭한 외과의는 찾기 어려울 것이며, 프랑스에서는 루이 15세의 주치의 르모니에와 몽플리에 의과대학 교수 르루아를 가장 저명한 임상의학자로 내세울 만합니다.

의학 연구가 언어, 역사, 문학과 맺는 관계는 보다 덜 두드러집니다. 하지만 현실적인 관계가 분명 존재하죠. 역사와 문학을 전혀 모르면서 창피해하지 않을 의사가 어디 있겠습니까? 자기 언어로 의학의 선구자들을 읽으며 기뻐하지 않을 자가 누구이며, 지금까지도 번역이 제대로 되지 않아 아라비아 현자들의 의학에 무지함을 아쉬워하지 않을 이가 누구겠습니까!

의학도 여타 학문에 도움을 주고 있습니다. 역사의 일부 어두운 대목은 의학으로만 해명될 수 있습니다. 우아하고 순수한 라틴어에 매료된 사람들이 밤낮없이 읽는 켈수스[7]는 고대의 가장 유명한 의사 중 한 명이죠. 플리니우스[8]는 의술을 직접 행하진 않았으나 해박한 지식을 가지고 있었습니다. 의학 공부에 거의 전념하다시피 해 온 그의 저작은 라틴어 서술의 참조 수준을 넘어 그야말로 라틴어의 모든 것을 담아냈다는 평이 전해지죠. 건강법에 관한 거장으로 존경받아 온 아레타이오스[9] 역시 그리스어권에서 그와 같은 위치에 오른 인물이 아닐까요? 갈레노스의 언어구사력도 정평이 나 있지요.

이상 언급한 사례만으로도 풍성해 보이는 소재를 다루는 일은 일견 쉬울 것도 같습니다. 하지만 좀 더 면밀하게 살펴본 결과 달리 판단하지 않을 수 없었습니다. 이 멋진 주제는 좀 더 뛰어난 인재에게 맡기고, 나는 마찬가지 의학의 임상 사례 중 그 자체로 여러분의 흥미를 끌면서 간명한 설명만 요하는 주제를 찾기로 한 겁니다. 농부는 황소의 말을 하고, 수부는 바람의 말을 하는 법. 이제 학자 앞에서 연설하기 위해 초청받은 의사인 이 몸은 지식인의 건강을 주제로 흥미로운 이야기를 풀어 나가고자 합니다.

2

학문 연구가 신체 건강에 별로 좋지 않다는 지적을 받은 지는 꽤 오래되었습니다. 켈수스는 지식인들에게 그들의 적성에 깃든 위험 요소를 경고하면서 반드시 그에 상응하는 요법을 병행하도록 조언했습니다. 나아가 훌륭한 판단력의 소유자인 플루타르코스는 지식인이 의학적 수칙을 활용할 뿐만 아니라 그에 관한 연구에도 힘쓰기를 원했죠. 그는 지식인이 종종 쓸모없는 학문 연구에 평생을 바치면서도 정작 중요한 건강법에는 어찌 그리 소홀할 수 있느냐며 개탄하곤 했답니다. 건강을 돌보는 소중한 기술이 오랜 세월 철학의 일부로 기능했다는 것과 의학이야말로 잦은 밤샘과 힘겨운 사색으로 신체를 혹사하는 사람에게 없어서는 안 될 학문임을 지식인이 도통 모른다며 안타까워한 것이죠.

③

지식인의 질병을 유발하는 두 가지 중요한 원인은 정신의 과도한 노동과 육체의 연이은 휴식입니다. 그 정확한 양상을 짚어 보려면 두 원인에 따른 좋지 못한 결과를 자세히 추적해야 할 것입니다.

④

형이상학은 정신이 육체에, 그리고 육체가 정신에 영향을 미치는 근본 원인 자체를 탐구합니다. 반면 의학은 이보다 덜 거창할지 모르나 좀 더 확실한 과제를 파고들죠. 의학 연구는 인간을 구성하는 두 실체(정신/육체)의 상호작용을 그 원인까지 거슬러 오르지 않고, 그것의 구체적인 현상만 면밀하게 관찰하는 것으로 족합니다. 몸의 어떤 움직임이 필연적으로 정신의 어떤 변화를 유발하는지, 정신의 어떤 상태가 필연적으로 육체의 어떤 변화를 불러일으키는지가 경험을 통해 의학적 지식으로 축적되죠. 예컨대 정신이 사고에 몰두하면 뇌의 일부가 긴장 상태에 들어가 뇌 조직에 피로가 쌓이는 식입니다. 의학은 연구 범위를 그 이상으로 확대하지 않으며, 그 너머는 의학적 지식의 대상이 아닙니다.

실제로 정신과 육체는 매우 강력하게 결합되어 있어 둘 중 어느 하나가 다른 하나의 변화를 감지하지 않고서 활동하기란 어렵습니다. 일단 자극을 받은 감각기관은 그 역시 뇌의 섬유질을 자극함으로써 사고의 동기를 정신에 전달하죠. 이때 정신이 사고에 몰입하기 시작하면서 긴장이 높아진 뇌의 기관이 활동에 들어갑니다. 바로 이러한 활동이 신경 수질髓質을 혹사하는 셈이죠. 신경 수질은 너무 부드러워, 힘겨운 사색을 거치고 나면 마치 격렬한 운동을 한 육체가 그러하듯 지친 상태가 되고 맙니다. 누구나 세상을 살면서 한 번쯤은 생각에 골몰해 그와 같은 경험을 하기 마련이죠. 지끈거리는 머리를 감싼 채 서재 밖으로 걸어 나와 본 적이 없는 지식인은 아마 없을 겁니다. 이때 머리에 열이 오르는데, 뇌의 골수가 얼마나 지치고 또 달궈진 상태인지 말해 주는 현상입니다. 그와 같은 피로의 흔적은 당사자의 눈동자에서도 감지되죠. 사색에 깊이 빠진 사람을 자세히 관찰하면 안면근이 온통 긴장한 것을 알아볼 수 있습니다. 때로는 경련을 일으키는 것처럼 보일 때도 있어요. 커크패트릭은 이 책을 영어로 번역하면서 아주 멋진 서문을 달았는데, 거기 언급된 한 사례가 인용할 만합니다. "내가 아는 아주 재주 많은 사람은 생각에 깊이 몰두할 때 항상 이마의 모든 근섬유와 일부 안면근이 마치 누가 열정적으로 연주하는 클라브생의 현처럼 눈에 띄게 파르르 떨렸다."[10] 플라톤은 지나친 집중과 긴장이 초래하는 위험을 다음과 같이 간파했습니다. "영혼의 활동이 너무 격렬하면 육체에 그만큼 충격이 가해져 무기력 상태에 빠지고 만다. 영혼이 어떤 상황에서 무리하게 애를 쓰면 육체가 이를 즉각 감지하고, 그때부터 열이 오름과 동시에 체력이 감퇴한다." 저명한 이탈리아 의사 라마치니[11]도 같은 문제를 지적했습니다. "인간의 영혼과 육체는 단단히 결합되어 있어 각각에 발생하는 좋은 일과 나쁜 일을 서로 공유한다. 몸이 극심한 운동으로 지쳐 있을 땐 정신을 집중하기 어렵다. 지나치게 장시간 공부에 몰두하면 기력 회복에 필요한 생체정기esprits animaux가 소모되어 몸이 망가질 수 있다."[12]

굳이 의사가 아니라도 인간을 주의 깊게 연구한 사람은 이와 같은 점에 주목하는 것이 당연합니다. 이와 관련해 아주 잘 집필된 흥미로운 영어 서적이 있는데, 전체를 다 번역해도 좋겠지만 일단 여기선 그 일부만 옮기도록 하겠습니다. "육체노동으로 생활을 꾸리는 다수의 사람들은 머리를 쓰는 일이 전혀 힘들지 않을 거라고 생각하지만 그건 착각이다. 생각한다는 것이야말로 노동자나 수공업 장인이 하는 일 못잖게 고되면서 이득은 그만큼 주어지지 않는 진짜 노역이다. 노동자나 장인이 하는 일은 건강과 힘을 주고 기분을 상쾌하게 만들어 주며, 잠도 잘 오게 하고 식욕도 북돋아 준다. 반면 책상에 붙어 앉아 공부만 하는 생활의 결과는 수명을 단축하고 잠을 앗아 가며 식욕을 잃게 만들고 빈번하게 불안증을 유발하는 질병이기 십상이다."[13]

정신의 노고가 육체적 건강에 미치는 영향을 이해하려면 다음과 같은 사실을 상기하는 것으로 충분합니다.

1) 생각하는 자신을 관찰할 줄 아는 사람이라면 누구나 생각하는 동안 뇌가 활동한다는 사실을 감각적으로 인지한다. 2) 활동하는 육체의 모든 부분은 조만간 지친다. 너무 오랜 시간 그 활동이 이어지면 육체 기능은 교란을 일으키고 약해진 기관은 더 이상 정상적으로 작동하지 못한다. 3) 모든 신경은 뇌로부터 출발하거니와, 생각의 기관인 뇌의 그 정확한 부위를 우리는 감각중추sensorium commune라 부른다. 4) 신경은 인간기계의 중요한 부품이다. 어떤 신체 기능도 그것이 제대로 작동해야 제 몫을 다할 수 있다. 신경에 교란이 일어나는 즉시 생체관리체계économie

animale[14]가 온통 그것을 느낀다.

이처럼 간단한 원리에 따라 우리는 정신 활동으로 뇌가 지치면 필연적으로 신경에 무리가 가고, 신경의 무리가 곧 건강의 교란으로 이어져 결국에는 아무런 외적 자극 없이도 체질이 망가지는 것을 느끼게 됩니다. 육체적 인간과 정신적 인간을 치밀하게 관찰해 온 보네[15]는 감각과 감각중추의 상호 의존관계를 완벽하게 파악하고 있었죠. 이 문제에 관해 그가 쓴 모든 글을 읽고 또 읽고 사색해 봐야 합니다. 여기서는 결정적인 한 가지 견해만 환기해 보도록 하죠. "기나긴 사색으로 시각기관이 피로함을 느낄 수는 없다. 한데 나는 한 번 이상 그런 경험을 했다. 청각기관 또한 그와 같은 피로를 느끼긴 어려운데, 기관 자체가 덜 예민해서 그렇다."[16]

5

내용이 허술한 책이 범하는 해악은 시간을 허비하고 눈을 피로하게 만든다는 점입니다. 반면 사고의 힘과 결속해 영혼을 고양하는 책은 육체의 활력을 고갈시킨다는 점에서 또한 문제죠. 정신 활동이 활발하고 꾸준할수록 육체의 후유증은 험악할 수 있습니다. 몽테스키외는 말했습니다. "결국에는 세상 만물이 우리를 지치게 만들며, 특히 즐거움이 클수록 우리는 더 지칠 수밖에 없다. 신체 기관을 구성하는 섬유조직은 휴식을 필요로 하며, 우리의 노동에 더 적절히 활용할 만한 다른 조직들로 대체되어야 한다."[17] 말브랑슈는 데카르트의 『인간론』을 읽다 심한 경련을 체험했다고 합니다. 마담 다시에는 친구들 앞에서 안드로마케에게 남기는 헥토르의 작별 인사 대목을 낭송하다 너무 감동한 나머지 그만 감각마비 증상에 휩싸였죠. 파리에서는 한 수사학 교수가 호메로스의 아름다운 구절을 읽지 못하는 난독증으로 고생 중이라 하네요.[18]

이런 경우 정신의 심한 긴장은 육체적으로 눈에 띄는 급성장애를 유발합니다. 소바주는 언젠가 그 정반대 현상을 경험했는데, 다음 사례 역시 두 실체 간의 영향 관계를 증명해 준다고 볼 수 있습니다. 바로 제노바의 어느 귀족 얘긴데, 그는 몸에 경련이 일어날 것 같자 강력한 정신 집중으로 이를 막았다고 합니다. 이처럼 격한 현상에 맞서는 또 다른 격한 현상이 다소 험악한 결과에 이르는 걸 보면, 내가 주장하는 원리의 신빙성이 그만큼 더 분명해지죠. 앞에서 예로 든 환자가 결국엔 광증으로 사망했거든요.

⑥

인간의 뇌는 굳이 비유하자면 전쟁이 벌어지는 무대와도 같습니다. 그곳에서 뻗어 나온 신경 줄기가 매우 민감하게 분포된 위장은 정신의 과도한 노동에서 비롯한 부담을 가장 많이, 가장 빠르게 떠안는 신체 부위죠. 다만 그 부담이 만성적으로 이어질 경우 그것을 민감하게 감지하는 사람이 거의 없다는 점이 문제입니다.

⑦

판 스비텐 씨[19]는 글로 밤을 새우다[20] 건강을 해치고 만 어느 재능 있는 사람에 대해 이야기합니다. 그는 하찮은 이야기라도 주의를 기울여 듣는 순간 아찔한 현기증을 느꼈다고 합니다. 사실 그는 잊고 있던 무언가를 기억하려 애쓰기만 하면 어김없이 격렬한 불안감에 휩싸이곤 했고, 심지어 까무러치는 일도 갈수록 빈번해져 괴로울 정도로 무기력한 느낌에 시달렸답니다. 더 큰 문제는 자기 의도와는 무관하게 글로 밤을 새우는 일을 그만둘 수가 없었다는 점이죠. 멈추려고 암만 애써도 계속해서 밤을 새울 수밖에 없었고, 결국에는 몸과 마음 모두 만신창이가 되고 말았답니다.

페클린[21]은 어느 저명한 학자를 언급하면서, 그가 강도 높게 일할 때마다 기력이 점점 쇠하는 것을 느끼더니 급기야 실신해 침대에 뉘고 나서야 겨우 정신을 차렸다고 말했습니다.

나와 동향인 여성 한 명은 무언가에 열중하기만 하면 곧바로 극심한 복통을 겪는다죠.[22] 그런가 하면 요즘 활동하는 어느 저자는 생생한 감각을 머릿속에 떠올릴 때마다 팔뚝이 눈에 띄게 부어오르는 남자에 관해 이야기합니다. 나와 상담을 나눈 적이 있는 어느 영국인은 로마에 있을 때 수학 공부를 무척 열심히 했는데, 몇 달을 그렇게 고생하고 나자 특별한 외상이 없는데도 눈이 영 보이지 않더라는 겁니다. 그래서 다른 사람에게 책을 읽어 달라고 부탁했는데, 이젠 생각을 이어가는 것조차 힘겹고 사소한 대화도 지속하기 어려웠답니다.

내 친구인 치머만 씨[23]가 전하는 문필 작업의 고단함에 관한 이야기는 너무나 흥미로워 그냥 건너뛸 수가 없습니다. 이 유능한 의사가 말하기를, 형이상학 공부에 무모하게 몰두한 스위스 청년이 있었는데 얼마 못 가 정신이 축

처졌다는 겁니다. 이에 청년은 새롭게 분발하여 악착같이 공부에 매달렸고, 그로 인해 한층 더 무기력한 상태에 빠졌으며, 그럴수록 더더욱 노력을 배가했답니다. 이런 식의 분투가 6개월이나 지속되었고, 그러는 사이 감각은 알게 모르게 완전한 마비 상태로 서서히 추락했습니다. 장님이 아닌데도 청년은 보지 못하는 것 같았고, 귀머거리가 아닌데도 듣지 못하는 것 같았습니다. 벙어리가 아닌데도 더 이상 말을 하지 못했습니다. 뿐만 아니라 잠을 자고 음식을 먹고 마시면서도 좋다 싫다 맛을 느끼는 것 같지도 않고, 무얼 요구하거나 거부하는 일도 없었습니다. 결국 치료가 어렵다고 판단한 의사는 더 이상 아무런 처방도 내리지 않았고, 그 상태 그대로 1년의 세월이 지났답니다. 그러던 어느 날, 청년 앞에서 편지를 큰 소리로 읽는데 별안간 몸서리를 치더니 나직이 투덜대며 손으로 귀를 막더랍니다. 그걸 알아채고 한층 더 목소리를 높여 편지를 읽었대요. 그러자 청년이 비명을 지르며 고통스럽다는 몸짓을 했답니다. 그런데 같은 과정을 반복하자 고통 속에서 청각이 되살아나더랍니다. 다른 감각도 같은 방법으로 줄줄이 회복되고 말이죠. 감각이 돌아올 때마다 마비 상태도 조금씩 누그러졌다고 합니다. 단지 탈진과 통증 때문에 오랜 기간 생사를 넘나드는 고생을 겪긴 했지만, 결국엔 딱히 의술의 도움 없이 자연 치유에 도달했다는군요. 이제 청년은 완전히 회복했고, 지금은 우리 시대 최고의 철학자 중 한 명으로 왕성한 활동을 하고 있죠.[24] 이와 같은 현상을 신경계의 결함과 그에 미치는 정신의 영향력 말고 다른 이유로 설명하기란 불가능합니다.

8

위장에 영향을 미치는 정신 활동은 누구나 스스로 검증할 수 있는 일상 체험을 통해 확인됩니다. 이를테면 이것저것 생각이 많은 사람은 소화가 잘 안 되지요. 반대로 생각이 별로 없는 사람은 소화를 잘하기 마련입니다. 특별히 건강한 체질도 아니고 많이 움직이는 편도 아니면서 폭음과 폭식을 아무 불편 없이 자행하는 어리석은 사람을 주변에서 자주 봅니다. 그런가 하면 머리가 총명하고 평소 운동량도 많은 사람인데 음식을 소화하기 힘들어하는 경우는 또 얼마나 될까요?

머리에 어떤 충격을 받아 뇌손상을 입었을 때 무엇보다 먼저 구토 증세가 나타나는 인체의 법칙은 위장의 각종 자극을 통해서도 동일하게 확인됩니다. 다만 정도의 차이가 있을 뿐이죠. 정신 활동이 물리적 충격과 동일한 효과를 즉각적으로 신경에 가하는 일이 흔하진 않더라도 아주 없지는 않습니다. 얼마 전 지능이 뛰어난 한 남자가 과도한 정신노동에 시달리던 중 내게 해 준 이야기가 있습니다. 그는 한껏 고양된 열정을 느끼며 장시간 정신을 혹사하다 갑자기 현기증을 느꼈다고 합니다. 이어서 모든 사고가 흔들리고 아무것도 이해되지 않으면서, 속이 답답하고 무작정 구토가 치밀었다는 겁니다. 저명인사인 내 친구 폼은 공부 때문에 위가 약해져 식사만 끝나면 항상 구토 증세를 보이는 어느 문필가의 사연을 들려줬습니다.[25] 내게 상담을 청해 온 어느 성직자는 공부를 많이 하면 며칠이건 소화가 전혀 되지 않는다고 호소했지요.

오랜 시간 무언가에 열심히 몰두하는 사람이 식욕을 잃는 것은 일견 자연스러운 일이기도 합니다. 문제는 그 정도인데, 1768년에 건강이 너무 나빠 이리로 온 어떤 귀족 출신 덴마크인은 그와 같은 증상이 어찌나 심한지 장시간 몰두할 일이 있을 때는 아예 하인에게 식사를 준비하지 말라고 지시했답니다. 먹는 것 자체가 불가능할 정도였고, 격렬한 승마로 원기를 회복하고 식욕을 되찾기까지 그 상태를 좀처럼 벗어나지 못했다고 하더군요.

아리스토텔레스는 향유를 가득 채운 짐승의 방광을 복부에 대고 있어야 했답니다. 마르쿠스 아우렐리우스도 이른바 세계 제국의 경영과 끊임없는 저술 작업으로 늘 정신적 긴장을 유지하느라 위장 기능이 상당히 안 좋았다고 하죠. 주치의였던 갈레노스가 전하는 바에 따르면 그는 심한 소화불량과 속쓰림 증상에 시달렸고, 그때마다 24시간 동안 금식하면서 후춧가루를 조금 섞은 따뜻한 포도주 한 잔을 마셔야만 겨우 증상을 가라앉힐 수 있었다고 합니다. 역시 갈레노스의 증언인데, 그가 몹시 좋아하던 아리아라는 여인은 플라톤의 철학을 열심히 공부하다 그만 음식 섭취가 어려울 만큼 위기능이 약해져 심지어 등을 대고 반듯이 눕지도 못할 지경이었다고 합니다.

문필 작업이 매우 각광을 받는 도시에서 오랜 기간 거주한 부르하버는 공부란 위가 탈나는 것에서 시작한다는 말을 남겼죠. 또한 그걸 치료한답시고 어설프게 손댔다간 병이 곧 우울증으로 변질될 수도 있다고 했습니다. 포르투갈의 어느 저명한 의사는 나쁜 위는 마치 그림자가 몸을 쫓듯 지식인을 쫓는다고 말했죠.[26] 나 역시 문필 작업에 지나치게 몰두한 나머지 혹독한 대가를 치르는 환자를 상당

수 목격했는데, 그들은 우선 식욕부터 잃고 급기야 소화 기능이 거의 정지 상태에 이릅니다. 이어 근육이 위축되면서 전반적으로 몸이 허약해지고 야위어 결국에는 경련과 발작을 거쳐 모든 감각을 잃고 맙니다.

9

정신이 육체에 초래한 해악은 얼마 못 가 필연적 회귀를 통해 정신 자체로 되돌아옵니다. 지고한 존재가 바라는 바, 그 두 실체가 함께 살아가는 동안만큼은 정신노동이 육체적 건강과 어느 정도 밀접한 관계를 맺어야 하니까요. 이는 언제나 확인된 진리였습니다.

소小 플리니우스는 어느 편지에서 힘주어 말했죠. "정신이야말로 몸의 지지대라네." 그보다 한참 전에 데모크리토스는 말했습니다. "정신의 힘은 건강과 더불어 불어나는 법. 몸이 병들면 정신이 사색에 몰두할 수 없다." 따라서 뇌를 혹사하고 신경을 지치게 하면 정신이 쇠약해지는 것은 놀랄 일이 아닙니다. 몸이 덜 튼튼해야 정신이 사색에 좀 더 적합해지기 때문에 플라톤이 강의 내내 비위생적인 체류를 선호한 것 아니냐고 반박하지 마십시오. 그때 플라톤의 선택은 일반 학설과 분명 배치되는 것으로, 살찌기 쉬운 자신의 비만 체질과 관련 있는 행동이었습니다. 일부러 몸에 열을 내 살을 빼려는 의도였죠. 몸은 너무나도 병약한데 두뇌만큼은 더없이 강력한 힘을 유지하는 사람이 더러 있다는 사실도 딱히 반증의 근거가 될 수 없습니다. 사람의 건강 상태를 주의 깊게 검사해 보면 건강상의 문제가 뇌나 신경에서 비롯하지 않는 경우를 왕왕 확인할 수 있기 때문인데, 뇌와 신경이 때로는 매우 강력한 원기를 타고나 다른 기관의 문제에 영향을 거의 받지 않고 늘 정신작용에 동참할 준비가 되어 있는 것이죠.

10

신경쇠약을 특징짓는 초기 증상은 전에는 볼 수 없던 일종의 소심증으로 나타납니다. 예컨대 경계심, 불안, 우울, 의기소침, 좌절감이 겉으로 드러나는 경우죠. 누구보다 대담하고 뻔뻔하던 사람이 만사에 걱정과 불안으로 몸 둘 바를 모릅니다. 지극히 사소한 일에도 질겁합니다. 예상치 못한 아주 작은 일만 닥쳐도 몸을 부들부들 떱니다. 약간만 몸이 불편해도 죽을병에 걸린 것 같고, 죽음은 생각만 해도 도저히 견디기 어려운 고통을 줍니다. 세상에 수많은 폭군이 자신이 못마땅해하는 철학자들을 죽음으로 몰아넣었지만, 단 한 명의 철학자도 죽음을 두려워하게 만들지는 못했습니다. 만약 그들에게 삶을 허락해 건강염려증에 시달리도록 만들었다면 얼마나 더 잔인한 군주로 이름을 날렸을까요? 바로 그 질병이 고개를 들어 아끼는 책마저 팽개칠 수밖에 없는 지식인을 우리는 매일 목격하죠. 쇠약해질 대로 쇠약해진 그들의 신경은 주의집중을 어렵게 만듭니다. 기억력은 감퇴하고 사고는 둔해집니다. 머리의 열, 경련, 전신 무기력, 이러다 갑자기 죽을지 모른다는 불안감에 손에 쥔 펜을 떨어뜨립니다. 휴식을 취하고 영양분을 보충한 뒤 적당한 운동을 해서 기력을 일부 회복한 뒤 다시 책상 앞에 앉기도 하지만, 얼마 못 가 또 일어서죠. 하루가 그런 과정의 반복으로 흘러갑니다. 밤이 되면 피로는 극에 달해 축 늘어진 몸으로 침대에 눕습니다. 그렇게 힘든 밤을 버텨 보지만, 흥분 상태인 신경 때문에 좀처럼 잠을 이룰 수 없습니다. 무얼 조리 있게 생각할 수 있는 상태가 아닙니다. 내가 아는 한 젊은이는 철학 연구에 고집스럽게 매달리다 지금은 책을 펼칠 때마다 머리와 안면근이 경련을 일으키는 증상을 앓고 있습니다. 심할 때는 누군가 밧줄로 머리를 친친 동여매 조이는 것만 같다고 합니다. 더 많은 사례를 끌어다 책만 두껍게 만들 필요는 없겠지요. 집요하게 매달리는 공부의 위험성과 신경이 예민한 사람의 기력에 미치는 좋지 않은 영향은 이미 충분히 살펴본 셈이니까요. 루소는 말했습니다. "골방에서 책을 읽다 보면 사람이 예민해지고 체질이 약화된다. 그렇게 몸의 기력을 잃으면 마음의 기운도 보존하기 어렵다. 공부는 생체 기관을 혹사하고, 정신을 지치게 하며, 기력을 고갈시켜 용기를 죽이고, 사람을 소심하게 만들어 고생도 욕망도 제대로 버텨 낼 수 없게 한다."[27]

11

고된 정신노동은 신경의 과민과 쇠약뿐 아니라 증상이 매우 뚜렷하고 심각한 신경질환을 유발합니다. 갈레노스는 아주 열성을 다해 강의를 한다든지 깊은 사색에 잠길 때면 언제나 간질 발작을 일으키는 문법학자를 관찰한 적이 있습니다.[28] 페클린이 아는 어느 부인 역시 열중해서 글을 읽거나 쓸 때면 가벼운 간질 발작을 일으켰다고 하죠. 나도 보았고 판 스비텐 씨도 관찰한 적이 있는 사례를 소개하자면, 열정이 과도한 선생들이 장래가 촉망되는 학생들을 심하게 공부하도록 몰아붙여 그중 상당수가 평생 간질 환자로 살아가게 되었다는 겁니다. 호프만[29]이 언급한 한 젊은이는 정신이나 기억력을 피로할 정도로 혹사할 경우 어김없이 한시적 간질 증상을 겪었다고 하죠. 젊은이가 공부를 중단하자 경련이 잦아들면서 건강이 회복되었고 말입니다. 페트라르카 역시 문학을 향한 애정의 대가를 같은 방식으로 치른 것으로 유명하죠.

12

신경계를 교란하여 각종 신경질환을 낳는 경우 말고도 지나친 공부가 원인인 질병은 한두 종류가 아닙니다. 어느 유명한 수학자는 행실이 나무랄 데 없는 사람이었는데, 유전적으로 통풍성 관절염을 앓았습니다. 그는 어려운 문제 하나를 풀기 위해 지나치게 매진하다 그만 증상이 악화되고 말았지요. 역사상 최고의 지식인 중 한 명이라 할 수 있는 라이프니츠 역시 생애 말년에 바로 그 질환을 앓았는데, 증상이 급격하게 악화되어 신경계 전체로 퍼지면서 임종을 앞둔 몇 시간 동안 심한 경련을 일으켰습니다.[30] 한편 데

페르네 경卿에게 닥친 이상한 사건은 다들 알 겁니다. 그는 넉 달간의 고된 연구에 매진한 뒤, 이렇다 할 병의 증상도 없는 가운데 수염과 눈썹, 속눈썹이 빠지기 시작하더니 급기야 머리털과 몸 전체의 체모까지 빠져 버렸죠.[31] 이런 현상은 보통 모발의 뿌리 역할을 하는 작은 모구毛球에 영양이 결핍되어 벌어지는 현상으로 쉽게 설명하곤 합니다. 이때 영양결핍의 원인은 세 가지로 정리할 수 있죠. 1) 영양섭취와 소화작용의 첫 번째 기관인 위의 기능장애. 2) 영양섭취에 중요한 비중을 차지하는 신경이 정신적 긴장 상태에 장시간 노출되어 신체 기능이 둔해지면서 그 작용이 감소하는 경우. 3) 일부 지식인이 자주 시달리는 가벼운 발열 증상. 이는 영양을 공급하는 림프를 파괴해 안색을 창백하게 하고 몸을 야위게 하며, 결국에는 기력의 고갈과 소진 상태에 처하게 만듭니다. 이따금 강한 정신 집중이 심장을 자극해 박동을 빠르게 하는데, 이런 상황이 발열 증상에 직접 영향을 미치죠. 보다 평범하게는 소화가 잘 안 될 때 그러한 증상이 발현하며, 생성 과정이 원활치 못해 혼탁해진 림프액은 순환기계통을 자극해 발열 증상을 일으킵니다. 호흡기관이 약하고 예민할 경우 발열을 동반한 기침이 소모열성 폐병으로 진화할 수 있는데, 그건 해열제나 흔히 말하는 기침약으로 다스릴 일이 아니죠. 그런 처방은 자칫 병인을 악화시킬 수 있습니다. 나는 대황만 사용해 병을 치료했는데, 그토록 자랑을 일삼는 코트레의 광천수를 비롯하여 이와 비슷한 성분의 더운물이 소화에 문제만 없다면 그런 소모열성 폐병에 좋다고 정평이 나 있죠.

폐에 어떤 문제도 없고 발열 증상이 있는 것도 아닌데 영양결핍증으로 나날이 기력이 쇠하고 야위어 가다간 특별히 어떤 질환 없이도 나이가 들면서 고사枯死할 수 있습니다. 이따금 장간막이 부어오르면 병의 진행 속도가 더 빨라지기도 하죠. 화농이나 발열 없이 쇠약 증세가 이어지는 경우 테레빈유를 섞은 방향성 진통제가 특효이며, 눈에 띄게 좋은 효과를 거두는 걸 종종 지켜보았습니다. 그러나 체온이 올라간다든지 갑자기 열이 난다든지 기침이 동반되면 그런 요법도 소용없죠. 의식하지 못하는 사이 병이 빠르게 엄습해 어떤 처방도 힘을 발휘하지 못한 채 고사 지경에 이르는 일은 꽤 자주 있는 편입니다. 3년 전에 가장 친한 친구가 쉰네 살 나이로 죽어 버렸는데, 그야말로 나이 아흔인 사람에게조차 드물게 나타날 만한 각종 쇠약 증상이 온몸을 뒤덮었더군요. 그럼에도 두뇌 활동이나 감각은 멀쩡했습니다. 만약 광범한 재능과 고결한 영혼, 선한 마음씨와

공익을 향한 열정, 명민한 상상력과 공정한 정신, 폭넓은 식견 같은 자질이 장수의 자격 조건일 수 있다면, 브랑르야말로 최고령에 이르기까지 조국의 자랑이자 가장 청렴하고 양식 있는 변호인이자 학계의 횃불이자 젊은이의 우상으로 살았겠죠. 하지만 대단한 능력과 명성을 갖춘 그는 업무가 자신의 기력으론 벅차며 결국 그로 인해 희생되리라 느끼면서도 수많은 사건의 수임을 피할 수 없었고, 그 노고에서 벗어날 수도 없었습니다.

그는 국내는 물론 이웃 나라의 모든 중요한 판례를 섭렵하고 대단한 관심을 기울여 탐구했습니다. 여러 힘겨운 상황에서 되도록 송사를 거치지 않고 그 모두를 원만히 수습하는 것이 목표였기 때문인데, 종종 원하는 바를 이루곤 했죠. 그는 공적인 사건, 이를테면 제후의 권한 혹은 도시나 개인의 권리가 쟁점이 되는 매우 난해한 사안을 자주 맡았습니다. 왕과 고위 관직 간에 돌발하는 복잡한 난제를 해결하기 위해 신임에 값하는 열정으로 꽤 오랜 시간 전념하곤 했습니다. 그는 자신을 막아선 모든 장애물에 가려진 빛을 찾아 고생을 마다하지 않았습니다. 조약을 맺고 나서도 이렇다 할 해당 법조문을 미처 갖추지 못한 나라를 위한 법률 제정 작업에 임해야 했고요. 오랜 기간 재판관직에 적을 두었던 그는 얼마 전부터 대학에서도 법을 가르치며 젊은이들에게 건전한 경쟁의식, 원칙에 충실한 태도, 품위와 식견을 불어넣겠다는 의지로 충만했습니다. 법률 연구와 문예 수양에도 소홀한 적이 없었으며, 하루도 거르지 않고 가정교육에 정성을 다했습니다. 가장의 의무야말로 가장 성스러운 것이라 확신했으니까요. 타고난 열정으로 최선을 다해 온 사람이기에 건강만 버텨 주면 되었습니다. 하지만 꽤 오래전부터 몸 상태에 변화의 조짐이 보이기 시작했습니다. 수년 전 공공의 이익을 위해 오른 고된 여정을 끝낸 뒤 베른에서 얻은 급성질환이 당최 나을 기미가 보이지 않았던 것입니다.

정직과 미덕에 워낙 민감한 그였기에 사익 추구와 관련하여 올바른 인간의 눈에 거슬리는 숱한 사례를 만날 때마다 심정이 매우 괴로웠을 겁니다. 사악한 행태들은 마치 고통의 물리적 원인이 신경을 가르듯 마음을 가르죠. 친절을 가장한 거짓의 준동에 늘 대비하고 무장해야 한다는 사실에 분노해 울분을 터뜨리는 그의 모습을 본 적이 있습니다. 무엇보다 그의 성정과 직결되는 이런 종류의 고생은 정신적 긴장만으로는 완전히 망가지지 않을 삶의 활력을 고갈시키는 데 적잖이 기여했을 것입니다. 일에 매진하느라 기운을 많이 소모한 만큼 정서적 헌신은 더더욱 빠르게 사람을 무너뜨리죠. 고사 과정이 빠르게 진행되는 때가 있긴 합니다. 브랑르는 그 속도를 대대적인 식단 관리를 통해 상당히 늦추었죠. 하지만 그마저 더는 소용이 없게 됩니다. 전신 약화로 인한 기관 장애의 자연적 반작용에 불과한 고열을 동반한 경련이 발레에 체류하던 그에게 엄습했습니다. 결국 그는 집으로 돌아왔고, 증상이 심해질 때마다 현저히 기력이 쇠하는 바람에 얼마 버티지 못하고 큰 고통 없이 생을 마감했습니다. 땀에 흠뻑 젖어 들자, 이 또한 건강의 징표가 아니겠느냐 기뻐하면서 말이죠. 머리의 노고만으로 소진해 버린 자연의 마지막 노력이었던 셈입니다. 이번 발작은 자네가 보기에 정말 흥미로울 걸세. 그가 마지막으로 남긴 말이었습니다. 그러고는 곧바로 숨을 거두었지요.[32)]

좀 더 세세하고 아름다워야 할 친구의 초상이 너무도 허술하게 묘사된 걸 양해해 주기 바랍니다. 세상엔 남들에게 알릴 가치가 있는 사람이 있기 마련이죠. 그는 오로지 공공의 이익을 위해 광범한 식견을 연마하고 활용한 진짜 지식인이었습니다. 바로 그런 점에서 언론이 부각할 만한 사람인데, 요즘엔 정말 별 볼일 없는 사람만 많이들 기사화하더군요. 빈약한 학술 이론을 몇 건 발표했다거나, 한 권이면 될 내용을 스무 권의 소책자에 나눠 담는 식의 소소한 업적을 손쉽게 치켜세우죠. 인간의 명예를 드높인 참으로 보기 드문 사람을 칭송할 생각은 아무래도 없는 것 같습니다. 인쇄기를 요란하게 돌릴 일이 없었기 때문이겠죠. 저술가의 좋은 점이 고작 문단의 칭송을 누린다는 것뿐인가요?33) 이 얼마나 그릇된 믿음, 처참한 편견입니까! 진정한 자격을 갖춘 망자를 모범으로 내세웁시다. 찬사와 감사와 애도를 바치고 경의를 표함으로써 산 자에게 명예와 미덕의 동기를 부여합시다. 동기부여만이 모든 걸 이룹니다. 동기부여야말로 모든 교육체계의 근간이어야 합니다. 무릇 추도사라면 그러한 것을 지향해야지요. 언제나 그리움만 더해 갈 내 친구보다 그런 추도사에 더 어울리는 사람이 과연 있을지 모르겠습니다. 잠시나마 이 아쉬움을 나눌 줄 아는 청중과 함께할 수 있어 정말 훈훈한 시간이었습니다.

13

지나치게 골똘한 사색이 불러일으키는 증상을 머릿속에 그려 보면, 모든 신경을 끈으로 옭아맨 상태가 떠오릅니다. 생체 전반에 걸친 이런 증상은 신경의 가지가 갈라져 나간 부위를 철사 같은 것으로 결박할 때나 생길 수 있을 겁니다. 마치 과도한 배출이 몸을 허약하게 하고 체액을 떨어뜨려 탈진 상태로 몰아가면서 신경을 마구 날뛰게 하는 현상과 비교되죠. 사혈瀉血과 관장, 지나친 타액 분비, 배뇨 과다 등 한마디로 모든 종류의 과도한 배출은 체관의 기능을 약화시키고 체액의 양을 급격히 감소시켜, 신경 작용을 관장하는 심기心氣 또는 생체 정기가 뇌에서 활성화되기 어렵게 만듭니다. 긴장 속에 신경을 잡아 두는 사색이 정신력을 탕진하고, 뇌는 그걸 제대로 보충할 수 없게 되는 것이죠. 인체를 통틀어 가장 순수하고 가장 공들여 만들어진, 우리 삶에 없어선 안 될 실체인 정신의 유체가 결핍과 동시에 변질되기 시작하면 각종 장애의 원인이 됩니다. 그런데 과다 배출 또는 생체 정기를 지나치게 소진하는 육체노동으로 인한 신경쇠약과 정신적 긴장에 따른 신경쇠약 사이에는 근본적인 차이점이 존재합니다. 전자의 경우 그 소중한 체액의 생산을 한시적으로 방해하되 기관에는 지장을 주지 않는 반면, 후자의 경우 즉 정신노동은 다음에 좀 더 설명하겠지만 기관에도 타격을 가합니다. 전자가 작업에 들어갈 재료를 공장에서 빼돌리는 수준이라면, 후자는 작업 자체를 공격해 무력화한다고 보면 됩니다. 이처럼 과도한 공부의 결과인 뇌의 이상은 생체관리체계의 3대 법칙에 달린 문제인데, 앞으로 여러 항에 걸쳐 설명될 것입니다.

14

첫 번째 법칙은 이렇습니다. '영혼이 지나치게 강한 활동을 장시간 집중해서 뇌에 각인할 경우 영혼은 더 이상 그 활동을 제어할 수 없다.' 의지와는 무관하게 이로 인한 진동이 계속되면서 망상과도 같은 여러 상념이 떠오르게 되는데, 이는 사물의 외적 인상에 반응하는 것이 아니라 뇌의 내부에서 벌어지는 작용을 그대로 반영하는 것이기 때문입니다. 이때 뇌의 어떤 부분은 감각이 전하는 새로운 움직임을 더는 수용할 수 없게 됩니다. 타소[34]는 광기의 발작에 빈번히 시달렸습니다. 하지만 그의 장애는 글쓰기의 노고로 인한 것이라기보다 여러 사건에서 겪은 고통의 후유증에 가깝다는 지적을 해야겠습니다. 그의 가장 아름다운 작품도 샘에서 절로 흘러나온 듯, 결코 시인에게 큰 수고를 끼친 것 같진 않으니 말입니다. 안타깝지만 제아무리 탁월한 상상력도 세상일에 휩쓸리며 고통받는 영혼의 나약함을 어쩌진 못합니다. 스스로 알아서 강해지는 사람은 극히 드물지요. 그의 병은 우울증에서 시작해 결국엔 본격적인 정신착란으로 진행됐는데, 사이사이 맑은 정신이 돌아오곤 했습니다. 그때마다 그는 자신이 마귀에 씌었고, 자기를 자꾸만 따라다니는 장난꾸러기 요정이 있다고 생각했죠.

어느 영국 시인을 상담한 적이 있는데, 집착이 너무 강해 신체 기능이 거의 다 망가져 버린 경우였습니다. 그는 극단적인 열광 상태와 극단적인 의기소침 사이를 번갈아 오가며 아주 심각한 우울 증세를 보였습니다. 열광 상태인 동안은 시작詩作에 열중했고, 그 결과물에 스스로 황홀해했습니다. 그런 상태가 끝나면 우울하고 나약하고 불만족스러운 또 다른 상태가 찾아드는데, 불과 이틀 전 스스로 찬탄을 금치 못했던 시구가 이제 혐오스럽게만 보이고, 당장 불에 태워버릴 쓰레기처럼 느껴졌습니다. 그가 열중하던 시의 주제는 (내 기억이 맞다면) 표트르대제였는데, 이미 수천 부가 예약된 상황이었음에도 드물게 안정된 상태가 도래하면 쓰는 족족 폐기해야 한다는 생각에 좌절감을 표했습니다. 그러니 수년을 고생하고도 이룬 게 전혀 없는 상황만 이어졌지요.

토스카나 출신의 저명한 화가 스피넬로는 반항한 천

사들의 추락 장면을 그렸는데, 스스로 봐도 무서울 정도로 루시퍼를 끔찍하게 묘사해 남은 생애 내내 그 악마가 자기를 쫓아다니며 비난을 퍼붓는다고 믿었답니다. 누구보다 강인한 영혼의 소유자인 파스칼은 깊은 사색과 노작을 끝내면 늘 바로 눈앞에서 불구덩이를 보는 듯한 뇌의 통증에 시달렸다고 하죠. 일부 신체조직이 지속적인 자극에 노출되어 그런 통증을 끊임없이 전달하는 것이었습니다. 신경에 압도당한 이성으로 그런 생각을 떨치기는 역부족이었죠. 도대체 얼마나 많은 정신이 과도한 흥분을 이기지 못해 진실의 경계 너머로 이탈할까요? 위인의 삶에서 광기의 발로로 보이는 행태를 왕왕 목격하는 것이 사실입니다. 우리는 아리스토텔레스의 천재성에 감탄하면서도 피티아스를 향한 그의 행동에는 고개를 갸우뚱합니다. 미치지 않고도 자기 여자를 얼마든지 애모할 수 있는데, 그를 위해 희생제물까지 바친다면 정말이지 망상에 사로잡힌 행동이 아니겠습니까. 웅변가이자 시인이며 의사이기도 한 가스파르 바를뢰스는 이러한 위험을 모르지 않았습니다. 스스로 경각심도 다질 줄 알았고요. 그런데 공부를 워낙 과도하게 하다 보니 뇌가 지쳐 갔고, 결국 자기 몸이 버터로 되어 있다고 생각하기 시작했습니다. 그는 몸이 녹을까 봐 아주 진지하게 불을 피했어요. 그렇게 지속적인 두려움으로 고통받던 그는 급기야 우물에 몸을 던지고 말았습니다. 재능과 성격 모두 뛰어나고 큰일을 할 사람으로 태어났으며, 문학과 의학에 공히 능통해 필경 그 발전을 주도했을 한 친구를 나는 언제까지나 안타깝게 기억할 것입니다. 그는 우선 잠을 제대로 못 잤고, 이어서 간헐적인 광기의 발작에 시달렸으며, 결국엔 완전히 실성했죠. 그의 목숨을 구하기는 어려운 일이었습니다. 꼭 글 쓰는 사람이 아니어도, 일단 조울증으로 기울다 마지막엔 완전히 천치가 되는 경우를 여럿 보았습니다. 또 내가 아는 어떤 사람은 귀족 출신이라는 것 이상으로 덕망이 높았는데, 12시간을 쉬지 않고 매우 중요한 논문 작성에 몰입하더니 일이 끝나자마자 쓰러져 전신 경련을 일으켰고, 잠이 그의 감각을 안정시킬 즈음에야 발작을 멈추었답니다.

이 밖에도 엄청난 양의 비슷한 사례가 보고되고 있습니다. 믿을 만한 증언에 따르면, 일련의 신학 논쟁과 논쟁적인 글, 종말론에 관한 소견으로 유명세를 떨친 피에르 쥐리외[35]가 뇌를 심하게 혹사한 후유증을 앓았다고 합니다. 내용인즉, 여러 면에서 양식 있는 인물이었음에도 자신이 앓는 만성 복통이 뱃속에 틀어박혀 당최 나올 생각을 하지 않는 일곱 기사의 싸움 때문이라며 늘 불만을 표했다고 하네요. 그런가 하면 자신을 각등角燈으로 착각하는 사람도 있었다고 하죠. 심지어 넓적다리가 사라졌다고 우는소리를 하는 사람도 있었답니다.

정신의 노고로 인해 가장 큰 장애를 겪는 사람은 동일한 대상에 끊임없이 집착하는 자입니다. 이 경우 긴장 속에 머무는 것은 단 하나의 감각이며, 그 상태는 변함없이 지속되기 마련이죠. 다른 감각이 아무리 작동해도 도움이 안 됩니다. 해당 감각은 빠르게 지치고 망가집니다. 몸에서 단 하나의 근육 또는 적은 수의 근육이 지속적으로 힘을 쓸 경우, 같은 규모의 운동량을 모든 근육이 나눠 수행할 때보다 몸은 훨씬 더 큰 고통을 부담합니다. 뇌 역시 마찬가지죠. 뇌의 서로 다른 부위가 순차적으로 작동하면 그나마 덜 지칩니다. 어떤 한 부위가 쉬면서 기운을 회복하는 동안 다른 부위가 작동할 테니까요. 이처럼 노동에서 휴식으로의 기민한 이행은 힘을 보존하는 가장 확실한 방법입니다.

내가 아는 한 여인은 스물다섯 살까지만 해도 매우 분별 있는 사람으로 보였는데, 불행히도 헤른후트 혹은 모라비아 형제단[36]에 가입해 불이 붙었고, 예수그리스도를 '나의 어린양'이라 칭하면서 그를 향한 사랑에 복받쳐 오직 그 생각밖에는 할 수 없게 되었습니다. 그러자 별다른 원인 없이 불과 몇 달 만에 바보가 되어 버렸죠. 그녀는 자기만의 친구에 대한 것 말고는 다른 어떤 기억도 없었습니다. 나는 6개월 동안 거의 매일 그녀를 만났는데, 그때마다 내가 묻는 질문에 그녀가 내놓은 대답이라곤 30분마다 한 번씩 눈을 내리깔고 반복하는 "나의 순한 어린양"이 전부였습니다. 그런 상태로 6개월을 살다 결국엔 시름시름 죽어 갔죠. 굳이 먼 데서 사례를 구할 것도 없습니다. 원적문제의 해법을 찾으려 골몰하던 재능 있는 젊은이가 타지의 병원에서 정신이상으로 사망한 일을 최근 이 학회에서 연구하고 있었다는 사실은 우리 모두 알죠.

15

과도한 연구 생활이 초래하는 뇌의 질병과 관련된 법칙에서 가장 중요한 요점은 체액이 활동 중인 신체 기관에 집중되기 마련이라는 사실입니다. 모르가니[37]는 볼로냐에서 아침 기상 전에 깊은 생각에 잠겼다 코피를 쏟는 일이 잦은 어느 학자를 치료해 주었다고 하죠.[38] 뇌가 활동할 때면 전에 없던 혈액량이 유입되는데, 혈관에 부담이 커지면서 통증과 고열을 유발하거나 뇌와 혈액의 다양한 상태와 상황이 모이면서 보다 심각한 질환을 초래하기도 합니다. 종양, 동맥류, 각종 염증, 화농, 경성암, 궤양, 뇌수종, 두통, 정신착란, 무력증, 경련, 혼수상태, 뇌졸중, 불면증인데, 특히 지식인을 괴롭히는 불면증은 지속될 경우 몸과 마음의 수많은 질병을 일으키는 관문이 되곤 하죠.

페르넬[39]이 말하는 어느 학자는 손가락 하나로 가릴 만한 정수리의 한 지점에 참을 수 없는 두통을 앓아 왔답니다. 두개골 경막이 붓고 불타는 것처럼 화끈거리면서 통증이 느껴지더라는 거예요. 리외토[40]는 의학 전반에 걸쳐 학문적 기여를 하고 탁월한 저작들로 그 내용을 풍부히 한 분이죠. 그는 이 논문 초판이 나올 즈음 출간된 자신의 실용 해부학 저작을 통해 양식 있는 모든 의사의 인정을 누릴 자격을 영구히 취득했습니다. 바로 그 리외토가 제공해 준 다음 사례는 가슴 아픈 어떤 장면의 진실을 낱낱이 담고 있습니다. 학문 연구에 극단적으로 집착하던 스물다섯 살 청년이 악착같이 공부를 마치고 난 뒤 끔찍한 두통을 동반한 고열에 휩싸였답니다. 닷새째에 접어든 청년은 무엇으로도 진정시킬 수 없을 만큼 극심한 착란 증세를 보였고, 이레째에 그대로 숨을 거두었지요. 그의 시신을 열어 보자 맥락막 신경총이 피를 잔뜩 머금고 있었다는군요. 또한 심실과 뇌의 다른 부위 모두 장액으로 가득 차 있었답니다.[41] 치머만 씨 역시 정신의 과도한 긴장이 뇌에 피를 얼마나 급격히 응집시키는가를 잘 보여 주는 일을 겪었습니다. 1년 전 그가 보낸 편지를 그대로 인용해 보죠. "그저께 우리 독자가 대단히 흥미 있어 할 논문을 일정상 급히 작성해야만 했다네. 그래서 지체 없이 일을 해치우기로 결심하고 비상한 열정으로 착수했네. 필요한 온갖 정보를 탐색하며 무려 4시간 동안 논문 작성에 몰두했어. 잠자리에 들 때까진 상태가 좋았네. 다만 오랜만에 평소보다 정신이 흥분했다고나 할까. 그런데 어제 일어나니 머리가 아픈 거야. 왠지 예사롭지 않다는 느낌이었네…… 거의 정신이 오락가락할 정도였는데, 이 모든 게 정신을 지나치게 긴장시킨 결과라는 판단이 들더군. 두통은 정오까지 계속되며 점점 심해졌네. 크림파이와 온수 족욕, 아몬드 우유, 기나피 분말을 약간 복용하고서야 두통이 가라앉았지."

장시간 사색에 잠긴 이후 부르하버는 무려 6주에 걸친 불면증에 시달렸습니다. 동시에 만사 무심한 상태에 빠져 아무것도 그의 관심을 끌지 못했죠. 일에 깊이 몰두하고 난 직후 불안정한 수면 상태가 이어지면서 거북한 긴장감과 머리가 묵직한 느낌이 동반되는 상태를 경험해 보지 않은 사람이 과연 있을까요?

뇌에 가벼운 자극만 가해도 불면증을 유발하기에 충분합니다. 한데 자극이 조금 더 강하면 경련이 일어나고 수면병이 발생하지요. 그러다 자극이 최고조에 달하면 뇌졸중이 돌발하는데, 이로 인해 사망까지 이르는 지식인이 허다합니다. 죄지은 신체 부위를 통해 호된 벌을 받는 셈입니다. 공부가 야기하는 나쁜 결과는 두 가지로 나타나는데, 우선 뇌를 지치게 만든다는 것이 그 하나요, 다음으론 과도한 혈액을 경쟁적으로 뇌에 몰리도록 해서 심각한 부작용을 초래한다는 점입니다.

유명한 교수와 위대한 설교자가 단상에서 갑작스레 숨을 거둔 경우 역시 한둘이 아닙니다. 티투스 리비우스[42]는 아탈로스 왕[43]에 관한 역사 기록을 남겼는데, '구원자'라는 별명으로 유명한 왕이 보이오티아 사람들에게 로마와의 동맹을 독려하는 연설을 하던 도중 사망했다는 이야기입니다. 바젤의 어느 학술 행사에서는 한 회원이 사전 준비를 하느라 장시간 연구한 탓에 매우 지친 상태였는데, 발표에도 지나치게 열정을 쏟은 나머지 뇌출혈을 일으켜 즉석에서 사망하고 말았다죠.

그리고 이건 내가 직접 목격한 상황입니다. 존경할 만한 한 성직자가 오순절을 맞아 장시간 열띤 설교를 하고 나서 성체를 나누어 주다 갑자기 부들부들 떨더니 말이 어눌해졌습니다. 그러고는 발작을 일으키며 쓰러졌고, 6개월 후 사망할 때까지 줄곧 어린아이와 같은 상태였지요. 모르가니도 한창 설교를 하던 와중에 뇌졸중으로 사망한 수도사에 관해 증언한 적이 있습니다. 유사한 사례가 즐비하지만, 지식인에게 뇌졸중이 발병할 때 꼭 과장된 웅변의 도움이 필요한 건 아닙니다. 뇌졸중은 지식인이 취하는 삶의 방식에서 기인한 태도 외에 다른 이유는 없이 그냥 일어나기도 하는 증상이니까요. 이 대목에서도 치머만 씨는 아주 흥미로운 관찰 결과를 제공해 줍니다. 스위스의 한 성직자는 훌륭한 설교로 굉장한 명성을 얻었는데, 그 명성을 유지하고 싶어 많은 책을 읽고 고심해서 글을 쓰다 보니 두뇌를 혹사하게 되었습니다. 정신의 긴장 상태가 지속되면서 그의 육체적 활동량은 점점 줄어들었고, 기력이 쇠잔하면서 기억력 또한 감퇴했죠. 그래서 기억력을 되살리려 많은 노력을 쏟아붓기도 했습니다. 그 결과 참신한 아이디어는 머릿속에 남지 않은 반면 옛 추억은 그대로 간직했답니다. 훗날 뇌졸중으로 몸의 한쪽이 마비되었다더군요. 사람들이 스위스 바덴의 온천지로 데려갔는데, 그곳에서 마흔두 살의 나이로 세상을 떠났답니다.

동방 언어를 깊이 연구해 온 베른대학의 한 교수는 한창 나이로 지치지 않는 학구파였는데, 갑자기 어린아이의 지적 수준으로 추락해 완전히 바보가 되었습니다. 원인은 뇌의 여러 부위에 물이 찼기 때문이라는군요.[44]

베퍼[45]의 상담 자료를 보면 명문가 출신으로 스물두 살인 청년의 사연을 소개하는데, 밤낮으로 공부에 매달리다 착란 증세를 보이며 쓰러져 그대로 미치광이가 되어 버렸다고 합니다. 이후 그는 여러 사람을 다치게 하고 결국 사람을 살해하는 지경에 이르렀다죠. 아주 희귀한 질병인 강경증 역시 과도한 정신 집중의 결과물입니다. 공부하고 글을 쓰느라 여러 밤을 지새우던 한 남자가 느닷없이 이 질병에 걸렸는데, 증세가 겉으로 드러나면서 평소 자세 그대로 팔다리가 뻣뻣하게 굳었답니다. 요컨대 펜을 쥔 채 꼿꼿한 자세로 앉아 책상 위 종이를 응시하고 있어, 사람들은 그가 공부하는 줄 알았다는군요. 나중에 이름을 부르고 팔을 잡아당겨 보고서야 그가 움직이지도 못하고 감정도 못 느끼는 상태임을 알았다고 합니다. 그런가 하면 몽유병도 같은 원인에서 발병하는 증상입니다. 라이프치히의 어느 의과대 학생은 두 달여 동안 가공할 열정으로 공부하느라 제대로 잠을 자지 못했습니다. 즉 낮이든 밤이든 일단 잠들더라도 자기도 모르게 일어나 깨어 있을 때와 똑같은 자세로 공부에 임하는 것이었습니다. 공책을 펴놓고 카스텔리 사전을 뒤적이며 단어를 찾다 못 찾으면 짜증을 내고, 어렵사리 찾아내면 미소를 지으며 반듯한 글씨로 공책에 적고 난 다음 침대로 돌아가 계속 잠을 잤다고 합니다.

호프만이 전하는 한 사례도 공부에 몰두하다 몽유병에 걸리고 만 남자의 이야기입니다. 이 사람은 몽유병 증상이 심하던 어느 날 침대에 눕는다고 생각하며 창밖으로 몸을 날렸고, 며칠 지나지 않아 숨을 거두었죠.[46]

다량의 체액이 뇌질환을 초래하는 경우 가운데 잊지 말아야 할 것은 건강염려증을 유발하는 불행한 성향에 특히 체액 문제가 지대한 영향을 끼친다는 점입니다. 뇌섬유가 이완하면서 약해지고, 결국 무른 상태로 진행되면서 다양한 자극을 버텨 내기 어려워집니다.

16

글을 읽고 쓰는 작업이 질병을 초래하는 데 작동하는 세 번째 자연법칙은 '생체 섬유는 쓸수록 딱딱해진다'는 것입니다. 인간의 신체는 늙어가면서 뻣뻣해지죠. 늙는다는 것 자체가 곧 전체적인 각질화를 의미합니다. 노동자는 일할 때 주로 쓰는 신체 부위에 딱딱한 껍질이 생깁니다. 지식인은 뇌가 바로 그러하죠. 그들은 종종 참신한 발상이 어려워지고, 때 이른 노화현상을 보이기도 합니다. 아이의 뇌는 지나칠 정도로 물렁합니다. 반면 노인의 뇌는 너무 딱딱하죠. 두 경우 다 생각을 촉발하는 뇌의 진동을 감내하기 어렵습니다. 갈레노스가 지적하듯 무엇보다 먼저 기억력이 흔들리고, 그다음 이성이 약화되는 것이죠.

17

뭔가 깊은 사색에 몰두해야만 신경이 쇠약해진다고 믿어선 안 됩니다. 귄츠 씨[47]가 지적했듯, 단지 시각을 피로하게 만드는 것만으로도 온갖 신경질환을 불러일으킬 수 있죠. 눈을 오랫동안 혹사하면 머리가 아프다는 사실을 못 느끼는 사람은 없을 겁니다. 나 역시 종종 나 자신의 눈을 통해 확인하는 편인데, 가령 고열이나 불쾌감에 시달린 뒤 기운을 회복하기 전에 어떤 사물 하나를 오랫동안 응시하고 있으면 어느 순간부터 현기증이 일어나 토하고 싶은 기분에 사로잡힙니다. 피로감이 꽤 고통스러운 느낌으로 전신을 훑어가죠.

18

나는 공부를 옹호하는 사람들을 공격하려는 것이 결코 아닙니다. 과도한 공부의 위험성을 보여 줌으로써 오히려 그들에게 도움을 주려는 것입니다. 고령에 이르도록 신체와 정신 건강 모두를 잘 유지해 온 여러 지식인의 존재를 나 또한 모르지 않습니다. 그들의 인생 이야기를 나도 읽어서 잘 알고 있어요. 그중 몇몇은 개인적으로 알고 지내는 사이기도 합니다. 그처럼 막대한 정신노동을 무탈하게 버텨 낼 만큼 훌륭한 자질을 타고난 사람은 많지 않습니다. 그들이 다른 방식의 생활에 열심이었다면 더 멀리 경력을 밀고 나가지 않았을지, 그 많은 고생을 치르지 않아도 됐을지 누가 알겠습니까? 인류가 스승으로 떠받드는 대다수 위인이 상당한 고령에 이르렀음은 당연히 인정해야 할 사실입니다. 예컨대 호메로스, 데모크리토스, 파르메니데스, 피타고라스, 히포크라테스, 플라톤, 플루타르코스, 베이컨, 알드로

반디, 갈릴레이, 월리스, 보일, 로크, 라이프니츠, 뉴턴, 부르하버 등이 그렇죠. 하지만 그렇다고 해서 과도하고 오랜 정신노동이 건강에 해롭지 않다고 추론해야 할까요? 그런 잘못된 결론을 끄집어내지 않도록 조심합시다. 우리는 그런 종류의 과도함에 특화된 조건을 타고난 사람이 있고, 위인을 형성하는 양호한 자질이 아마도 고령을 가능케 하는 자질과 동일할지 모른다는 추정만 할 수 있을 뿐입니다. '건강한 신체에 건강한 정신.'Mens sana in corpore sano.

게다가 이런 위인이 불멸의 이름을 얻게 된 건 일을 열심히 해서라기보다 타고난 천재성 덕분이었을 가능성이 더 큽니다. 유명 인사라면 필히 누리는 여가 생활과 오락, 신분상 숙제처럼 행하는 운동이 공부로 인한 해악에서 회복의 기회가 되어 주는 것이죠.

지금 이 순간 여러분 모두는 50여 년 넘게 이 도시와 학회의 자랑이자 기쁨이 되어 준 그분의 이름을 머릿속에 떠올릴 겁니다.[48] 그는 젊은 시절부터 생애 마지막 나날에 이르기까지 여러 학문을 갈고닦으며 자기 소명에 부합하는 모든 학문을 깊게 파고들었는데, 그야말로 광범한 분야를 망라하죠. 그 모두를 아우르는 지식을 가지려면 공부를 엄청나게 해야 했을 텐데, 건강에 지장이 있었다는 얘기는

들어 보지 못했습니다. 이제 그의 나이 아흔에 접어들었지만, 활달한 감각과 명철한 지성 모두 전혀 퇴색하지 않았습니다. 그러니 이분을 본보기로 거론하는 것에 반대하겠습니까? 아닐 겁니다. 그 삶의 면면을 기억한다면 모든 지식인이 귀감으로 삼기에 부족함이 없는 분임을 인정할 테니까요. 그는 건강한 인간이면서 또한 지식인으로 살아갈 줄 알았습니다. 가장 심오한 지식과 더없이 다양한 지식 모두를 갖출 줄 알았지요. 학문에 대한 의무에만 자신을 바치지 않고 시민, 아버지, 교수, 친구, 사회인 등 단순한 역할에도 충실했던 겁니다. 공부로 정신이 지치면 몸을 직접 움직여 집의 정원을 가꾸면서 정신력을 회복했죠. 서재에 처박혀 지내다 보면 온데간데없이 사라지는, 선의의 인간관계를 통해서만 얻을 수 있는 온화함과 쾌활함으로 그는 정신과 육체를 지탱했습니다.

행복하고 위대한 노년에 이른 지식인 명부의 첫머리 퐁트넬 선생[49]의 인생을 면밀히 살펴보건대, 그 장구한 삶의 여정을 결함 없이 지나올 수 있었던 건 오로지 문필가로서의 노고와 시민으로서의 아기자기한 생활을 온전히 결합할 줄 알았기 때문이었습니다. 그와 같은 삶은 인도의 고행수도승에게 비할 아주 희소한 박학자의 삶과는 전혀 닮은 데가 없습니다. 고대의 박학자들은 고행수도승이 그렇듯 인류라는 종족과 유리되어 살았습니다. 고행수도승처럼 그들은 자진하여 고행했는데, 그로써 사회에 돌아오는 이득은 결코 가벼운 것이 아니었죠. 오직 고행의 수단만이 서로 달랐습니다. 한쪽은 타는 듯한 열기와 혹독한 냉기에 자신을 그대로 내맡깁니다. 못이나 사슬, 채찍으로 살점을 찢습니다. 다른 쪽은 책과 원고, 고대 인장, 비문碑文, 암호문에 둘러싸여 자진自盡합니다. 지식인의 질병 원인인 '전적인 부동자세'에 속절없이 자신을 내맡김으로써 서서히 죽어 가는 것이죠. '전적인 부동자세'가 얼마나 위험한가는 인간의 신체 구조를 일별하는 것만으로도 충분히 깨달을 수 있습니다.

10

인체는 무수한 혈관과 그 속을 이동하는 체액으로 구성되어 있습니다. 혈관의 힘이 지나치게 강하거나 약하지 않고, 체액이 적절한 농도와 분량을 갖추고 있으면 그 사람은 건강한 상태입니다. 이때 가장 중요한 것이 혈액의 이동이라는 사실을 명심해야 합니다. 그것에 변화가 일어나는 즉시 살과 체액의 상태도 덩달아 변하니까요. 가령 혈액의 이동이 너무 세면 살은 딱딱해지고 체액은 진해집니다. 반면 너무 약하면 섬유질은 이완되고 혈액은 연해지죠. 몸이란 살이든 체액이든 그 어떤 부분보다 가벼운 유미乳糜[50]로 이루어져 있습니다. 혈액의 이동은 미립자를 모으고, 결합하고, 두텁게 만들죠. 이동이 약해지면 몸의 각 부분은 정상 작동에 필요한 수준의 강도와 농도를 얻을 수 없게 됩니다.

심장은 인체에서 일어나는 모든 운동의 원동력입니다. 체액 전체를 움직이는 것이 바로 심장이죠. 하지만 자기 혼자 전체를 감당할 수 있는 건 아닙니다. 자연을 만든 이가 심장에 몇몇 조력자를 제공했는데, 이들이 조금만 부실하면 혈액순환이 느려지고, 그 탓으로 여러 질병이 생깁니다. 혈액순환을 돕고 혈관의 작동을 촉진하는 이 조력자 중에 가장 효과적인 것이 바로 근육 운동이죠. 운동이 맥박을 얼마나 증가시키는지를 비롯해 근섬유 강화와 체액의 적정 상태 유지, 식욕 증진과 발한을 비롯한 원활한 분비작용 촉진, 용기를 북돋고 신경 체계 전체를 감싸는 쾌적한 감각에 이르기까지 모든 효과를 분명히 확인할 수 있을 겁니다.

반대로 지나치게 책상 앞에만 앉아 지내는 생활은 근력이 망가져 운동을 버텨 내지 못하는 상태로 퇴화하는 결과를 낳습니다. 조력자가 사라지고 오로지 심장과 혈관의 힘에만 의존하는 혈액순환은 결국 말단부에서 시작해 몸 전체에 걸쳐 약화되고 말죠. 체온이 떨어지면서 체액이 정체되어 썩어 들어갑니다. 어떤 체액은 연해지고 어떤 체액은 짙어지면서 모두 변질됩니다. 자연적인 분비와 배설이 더 이상 원활하게 이루어지지 않습니다. 몸에는 건강의 가장 확실한 보장책인 규칙적인 배설에 이르지 못한 폐기물이 쌓여 갑니다. 그 폐기물의 독기가 단계적으로 몸을 좀먹고, 기력이 감소하면서 혈액이 수성水性으로 변합니다. 그로 인해 지식인에게 자주 발병하는 수종水腫에 걸리는데, 이는 앞에서도 자주 살펴보았듯 뇌를 집중적으로 공격하죠. 최근에 진료한 고위 법관도 책상에 장시간 붙어 앉아 별로 유쾌하지 않은 정신노동에 혹사당하는 생활을 거듭하다 결국 그 탄탄하던 건강 체질이 무너져 버렸습니다.

이처럼 뇌 속으로 수분이 과잉 유입되는 현상을 판 스비텐 씨는 정확하고 생생한 관찰력으로 잡아냈습니다. "책상에 장시간 붙어 앉아 책만 들여다보는 지식인의 생활은 종종 뇌졸중의 위험을 높이기 마련인데, 매우 완만하고 단계적으로 진행되면서 표면화된다. 처음에는 나른하고 무기력한 느낌이 들다 점점 나태해져 쉬고 싶어진다. 정신이 무뎌지고, 기억력이 흔들리면서 약해진다. 몸이 무거워지고, 졸음이 엄습하고, 멍해지는 일이 빈번하다 곧 죽을 것 같은 우울한 기분에 장시간 사로잡힌다. 최고의 지식인으로 문학에 지대한 기여를 한 인물들이 불과 1년 남짓 생존하다 모든 걸 망각한 채 뇌졸중으로 죽어 가는 모습을 나는 비탄의 시선으로 바라보곤 했다." 여든 살이 채 되지 않아 사망한 스위프트는 생애 말년을 완전한 백치 상태로 보냈습니다.

21

운동 부족을 제일 먼저 감지하는 신체 부위는 원래부터 혈관이 허약해 체액의 이동을 촉진할 활동성 보충이 가장 필요한 부위이기도 합니다. 이를테면 소화 기능을 담당하는 복부 기관이 바로 그런 곳이죠. 위가 약해지면 그곳에서 분비되는 소화액이 변질되고, 소화는 그만큼 느리고 불완전하며 힘겨워집니다. 소화력의 작용이 줄어들 경우 음식물은 같은 습도와 온도를 갖춘 다른 어느 곳에서나 그러하듯 제대로 소화되지 않고 그저 상할 뿐이죠. 이때 채소는 자체적으로 산酸을 생산해 신경을 자극함으로써 통증과 경련, 독한 쓰림을 유발하는데, 뱃속이 뜨끔뜨끔한 느낌이라든가 목구멍을 지지는 느낌, 잦은 기침 등으로 증상이 드러납니다. 기름은 산패酸敗하고 달걀과 고기는 썩으면서 타는 듯한 갈증과 신열, 멈추지 않는 설사, 전반적인 쇠약 현상, 원인을 알 수 없는 불안증을 유발합니다. 위의 작은 관들에서 배출하는 맑은 비눗물 같은 분비액으로 음식이 잘 분해되지 않기도 하거니와, 그 자체가 진하고 끈적해지면서 덩어리로 굳어 속을 더부룩하게 만드는 원인이 됩니다. 얼마 안 되는 비범한 역사가 명단에서 늘 상석을 차지하는 폴 드라팽[51]은 영국사를 집필하느라 건강한 체질을 완전히 망쳤죠. 생애 마지막 3년을 극심한 복통에 시달리며 탈진 상태로 보낸 그는 예순넷의 나이에 사망했습니다.

22

위胃와 동일한 조직을 가진 창자도 같은 증상을 겪습니다.

강한 호흡 활동은 숨을 들이쉴 때 하복부의 모든 장기를 압박하면서 혈액순환을 돕는데, 근육 운동이 중단되어 호흡 활동이 줄어들면 하복부 모든 기관의 활동 또한 약화됩니다. 그러면서 변비에 걸리는 거죠. 위와 마찬가지로 창자에 만병의 근원인 점액성 덩어리가 생기는데, 주로 지식인이 잘 걸리는 질환입니다. 레이던의 저명한 역사학 교수 유스투스 립시우스[52]도 그런 질병에 걸려 아주 오랜 세월 극심한 복통으로 고생했답니다. 결국 창자와 빛깔도 모양도 비슷한 묵직한 덩어리를 싸지른 다음에야 해소되었다죠. 이는 꼼짝 않고 앉아 공부만 하는 생활 습성의 결과물로, 슬금슬금 창자를 채워 온 끈적끈적한 점액성 물질이었던 겁니다. 결국에는 썩어 문드러진 부패물로 전락할 이런 점액 덩어리는 모든 생체관리체계에 타격을 주지만, 그 진원만 없애면 환자는 곧 건강을 회복합니다. 다만 모두가 그처럼 행복을 맛보는 건 아니죠. 리외토가 전하는 아주 흥미로운 기록은 장시간 책상에 붙어 앉아 지내는 생활의 위험성에 관한 새로운 증언으로 읽힙니다. 글에 완전히 빠져 지내느라 현기증과 복부팽만을 달고 사는 한 노인이 오래전부터 변비를 앓았다는군요. 갑작스러운 복통과 불안 증세에 시달리면서 대변을 전혀 보지 못하는 상태였죠. 급기야 배가 부풀어 오르고 구토가 치밀더니, 숨이 막히면서 사망에 이르렀답니다. 위와 창자에 생긴 염증이 현기증을 불러일으키고, 거의 돌처럼 굳은 다량의 허연 물질이 결장을 무섭게 팽창시켜 완전히 막아 버렸던 겁니다.

단단히 뭉친 배설물이 엄청난 크기로 주변 부위를 압박하고 독성으로 창자를 자극하면, 그 썩어 문드러진 조각이 창자의 표피를 파들어 가 결국 체액을 오염시킵니다. 바로 그것이 지식인의 재앙인 복통을 유발하는데, 고생 끝에 회복되긴 하지만 불규칙한 식사 습관 때문에 끊임없이 재발하기 일쑤죠. 그로 인한 방귀는 앉아서 생활하는 모든 이의 흔한 불편 중 하나입니다. 방귀가 워낙 다양한 증상을 일으켜 확연히 이질적인 질환을 불러오는 경우도 간혹 있는데, 리외토가 전하는 쉰 살인 문필가의 사례가 바로 그에 해당합니다. 오랜 세월 복부팽만과 변비를 앓다 급기야 엄청난 불안증과 우울증을 동반한 중이염에 걸렸다고 하네요. 뿐만 아니라 전신 쇠약에 족냉증까지 앓다 사망했다는 겁니다. 나중에 보니 그의 창자가 방귀로 엄청 늘어난 상태였고, 그 압력이 서로 다른 부위의 혈액순환을 방해해 괴저의 초기 단계에 이른 것이었답니다.[53]

복부에서 위와 창자만 고생하는 장기가 아닙니다. 몸을 움직이지 않으면 다른 모든 기관 역시 같은 영향을 받아 유사한 장애에 시달립니다. 췌장액은 걸쭉해져 쓸모없게 변합니다. 비장脾臟의 기능 또한 원활하지가 않죠. 담즙의 생산과 분비를 맡은 기관의 기능도 총체적인 문제를 일으킵니다. 정체된 체액이 간을 폐색하면서 빽빽해져 더는 내장을 지나지 못한 채 상하고 맙니다. 해당 부위는 매우 심각한 질병의 온상이 되죠. 담즙낭에 정체된 담즙이 걸쭉해지면 이른바 담석이 되어 극심한 복통을 일으킵니다. 거기에서 벗어나려면 담석이 창자까지 타고 내려가 대변과 함께 배출되기를 기다려야 하죠. 만약 담석이 너무 커서 쓸갯길을 지나기 힘들거나 그것을 밀어낼 힘과 상황이 여의치 않은 경우 또는 이그나티우스 로욜라 성인처럼 배출구가 보이지 않는 문정맥의 어느 지점에 담석이 위치한 경우 평생 고생하다 고통스럽게 죽어 갈 수도 있습니다. 담즙이 굳는 대신 썩으면 지독한 독성이 생겨 모든 기관을 자극하고, 염증을 유발하거나 궤양을 일으켜 매우 무서운 질환의 원인이 되기도 합니다. 뭐라 표현할 수 없는 불안증을 동반하기 때문인데, 내가 목격한 일부 지식인은 강한 정신력을 타고 났음에도 이 병을 앓을 때만큼은 깊은 우울감에 시달렸습니다.

24

의자에 붙박여 지내는 지식인의 생활이 하복부 장기의 혈액순환을 방해하고 또 폐색의 원인을 제공해 거의 필연적으로 발병하는 질환 가운데 특기할 만한 것이 바로 건강염려증입니다. 이 병은 두 종류로 나뉘는데, 하나는 순전히 신경성으로 앞에서 본 그대로 긴장의 결과라 할 수 있죠. 다른 하나는 하복부 장기의 막힘과 창자의 고장이 초래하는 것으로 움직이지 않아서 생기는 증상입니다. 이 같은 질병의 원인이 어떻게 둘 다 지식인에게서 발견되는지 이해하기란 어렵지 않습니다. 그 병을 달고 살지 않는 지식인도 드물고, 그 병을 근본적으로 치유한 지식인 역시 찾기 어렵습니다. 이런 사례는 워낙 빈번한지라 굳이 따로 인용할 필요도 없습니다. 그럼에도 요청하신다면 스바메르담[54]을 거론해 보겠습니다. 자연의 섬세한 관찰자인 그는 우울증 또는 흑담즙질에 시달렸는데, 누가 말을 붙여도 대꾸하는 법이 거의 없었다고 합니다. 오로지 앞을 응시하면서 꼼짝도 하지 않았죠. 강단에 오르면 청중의 질문에 아무 대답도 하지 못한 채 망연자실 서 있기만 하는 일이 다반사였습니다. 죽기 얼마 전에는 극도의 우울증에 사로잡혀 심한 발작 증세를 보이며 자신의 모든 글을 태워 버리기까지 했습니다. 결국 그는 해골처럼 말라비틀어져 거의 인간의 용모라 할 수 없는 몰골로 사망했죠.

사실 예로부터 이러한 우울증은 글쓰기에 도움이 될 때가 종종 있었습니다. 우울증 환자가 한 가지 생각에 매달리다 보면 같은 대상의 모든 측면을 보다 집중해서 치밀하게 관찰하고 사고하기 마련이니까요. 하지만 그런 대가를 치르고라도 통찰력을 높이길 바라는 정신 나간 사람이 있을까요? 건강을 해치면서까지 그리 하기에 인간은 너무 약아빠지지 않았나요? 행복이 없는데 지혜가 무슨 소용이겠습니까?

운동선수의 위와 강철 같은 내장, 튼튼한 신경을 자연에서 부여받은 사람도 일부 존재하긴 합니다. 이들은 앉은 채로 꼼짝 않고 고된 정신노동을 장시간 무탈하게 버티거나 지나친 집중을 이어 가도 소화에 아무 문제가 없습니다. 하지만 그렇다고 더 행복할까요? 천만에요. 대개 그들의 혈관은 너무 많은 양의 피로 가득 차 있습니다. 기름을 먹은 세포는 폐색되고, 내부 기관이 사방에서 압력을 받습니다. 그들은 몸이 갈수록 무거워지고 점점 게을러집니다. 조금만 움직여도 땀이 뻘뻘 나고 숨이 찹니다. 뇌출혈이나 질식성 독감 또는 적혈구 과다로 인한 질환으로 때 이른 죽음에 이르기 십상이죠. 지식인이 위가 너무 튼튼해도 불행이라는 지적은 그런 점에서 타당합니다.[55)]

25

가만히 앉아 책만 읽는 생활은 인체 전반의 약화를 가져옵니다. 혈액이 한번 오염되면 그것이 지나가며 적시는 인체의 모든 부위가 언젠가는 타격을 받죠. 조직이 매우 섬세한 허파는 림프액이 최초로 가닿는 부위이며, 그 밖에 모든 부위의 피를 합한 만큼 많은 양의 혈액을 받아 내고 그 혈액에 아주 중요한 가공을 하는 기관이므로 오염된 피와 접하는 즉시 손상을 감지합니다. 가슴통증이 그때부터 시작되고, 양어깨 사이가 뻐근하면서 평소와 다르게 거북한 기침과 가래침이 솟구칩니다. 결국 허파는 걸쭉한 체액으로 가득 차 폐색이 일어나면서 지독한 천식을 유발하죠. 안에 작은 염증, 화농, 종양이 생기면서 그로 인한 신열이 느리게 퍼져 나가고요. 저명한 신학자 트리글란디우스[56]가 엄청난 고통을 겪은 뒤 그와 같은 폐종양으로 사망했습니다. 열심히 매달린 공부가 그를 전신 쇠약으로 내몰았으며, 부르하버가 그렇게 보살폈는데도 어쩌지 못한 결과였습니다. 스바메르담의 허파는 진짜 채석장이 되어 버렸고, 그는 죽기 오래전부터 작은 돌을 뱉어 냈습니다. 그런가 하면 보줄라[57]의 사망 원인은 폐농양이었죠.

26

방광에 생기는 돌과 질환 역시 글쓰기를 향한 사랑의 결과입니다. 사보나롤라[58], 회르니우스[59], 카조봉[60], 라이프니츠, 프리도[61], 라비뉴[62] 등 숱한 인물이 그와 같은 서글픈 고통에 신음하며 지냈지요. 학문을 주도하는 박식하고 저명한 인사치고 이런 종류의 잔인한 통증에서 무사했던 사람은 없습니다.

27

책상에 붙어 앉아 지내는 생활의 해로운 결과를 또 하나 거론하자면, 자기도 모르게 호흡이 감소한다는 사실입니다. 너무나도 중요한 이 행위가 규칙적이어야 건강에 이르는 왕도가 확보되는데 말이죠. 호흡에 관여하는 혈관은 너무 약하고, 너무 미세하고, 순환의 발동기에서 아주 멀리 떨어진 데다 외부 압력으로 인한 폐해에 무방비로 노출되어 있어요. 그래서 순환의 힘이 근육 운동의 지원을 받지 못하고, 근육 운동이 혈관 작용을 촉진해 자연이 정해 준 통로로 방출되기에 적합하도록 체액을 적절히 가공하지 못할 경우 원활한 호흡은 거의 불가능합니다. 호흡에 문제가 생기면 몸 밖으로 방출되어야 할 남아도는 체액이 그대로 정체되어 체액 덩어리로 부패하고 몇몇 기관으로 역류하기도 합니다. 그 과정에서 각종 통증과 충혈, 감기 그리고 지식인에게 흔한 신물 증상이 일어나는데, 호라티우스가 장시간 시를 낭송하며 힘겨워했던 신물 역류 현상이 바로 그것이었죠. 갈수록 심해지는 재채기와 코막힘, 도무지 외부적 원인을 찾을 수 없는 불규칙한 신열에 관해서는 갈레노스가 프레미게네스의 병력病歷을 이야기하면서 아주 확연한 사례를 제공한 바 있죠. “이 유명한 소요학파 철학자는 글을 읽고 쓰며 평생을 보냈는데, 땀을 제대로 배출하지 못해 매일 일부러 더운물로 목욕하지 않으면 심한 발열 증상에 시달릴 각오를 해야 했다. 원활치 못한 발한 작용의 잔여물인 시큼한 체액을 목욕으로 말끔히 씻어 내야만 했던 것이다.”

28

정신노동이 신경을 즉각적으로 약화한다는 것을 우리는 보았습니다. 지나치게 몸을 움직이지 않는 것만으로도 신경이 망가지기에 충분하다는 거죠. 몸뿐 아니라 정신까지 웬만큼 게으른 사람도 이런 결과는 마찬가지입니다. 신경은 인간이라는 장치의 중요한 부속입니다. 몸의 어떤 기능에 문제가 생기면 신경이 곧바로 영향을 받죠. 내 경험상 그 원인이 얼른 감지되지 않는다 하더라도, 신경의 이상 현상을 주의 깊게 추적하면 결국 병인을 찾아내 더 악화되기 전에 원인을 정리할 수 있습니다. 특히 자주 목격하는 사실은 위장에서 벌어지는 문제의 상당수가 신경 교란을 통해 감지된다는 점입니다. 몸과 정신을 잇는 신경은 그 둘에서 일어나는 각종 오류와 과잉의 부담을 서로 받아 내면서 어느 한쪽의 장애를 다른 쪽으로 전달합니다. 그런 식으로 정신이 몸을 해치고 몸은 정신을 해치는 악순환이 되풀이되는 셈이죠. 결국 몸과 정신이 각각 자신을 해치며 신경 체계를 파괴하는 것입니다.

발한 작용을 관장하는 기관의 힘이 약해지면서 지식인은 대기와의 접촉에 그만큼 민감해지고, 노출 자체로 인한 피해를 감수해야 합니다. 마치 살아 있는 청우계처럼 지식인은 모든 날씨 변화를 혹독하리만치 민감하게 감지하고, 특히 정오에 부는 바람을 아프게 체감하죠. 심할 경우 지독한 신경통에 시달리기까지 합니다.

29

여러 위인이 일종의 신경액으로 믿었던 정액 역시 활동성을 현저하게 잃어버립니다. 아버지의 각 요소가 아들의 모든 면을 형성함을 고려한다면, 위인이 자신에게 걸맞은 아들을 두는 경우가 왜 그리 드문지 우리는 이해할 수 있습니다. 이른바 '박동하는 점'punctum saliens이라 일컫는 살아 있는 미립자가 초기부터 왕성한 힘으로 생장하는 것은 아닙니다. 오히려 나약한 존재임을 평생에 걸쳐 감지하며, 특히 사고를 담당하는 기관이 뚜렷하게 그것을 느끼지요. 그러니 아버지의 뇌가 아들의 뇌로 하여금 충분한 힘을 갖추게끔 필요한 요소를 정액에 부여할 수가 없는 것입니다.

30

소화를 방해하고, 신경을 소모하고, 빈혈을 유발하고, 모든 배출 작용을 교란하는 원인은 신체를 허약한 상태로 몰아가고야 맙니다. 이는 열심히 공부하는 지식인이라면 누구나 겪는 일이죠. 브리그스[63]는 자신의 로그표를 출간할 당시 내용을 계속해서 발전시켜 나갈 생각이었습니다. 하지만 정신력을 과도하게 쏟아부은 나머지 기력이 쇠진했고, 끝내 회복하지 못했습니다.[64] 퐁트넬 선생은 말했습니다. "바리뇽[65]은 왕성한 체력의 소유자였음에도 일에 집중하여 끈질기게 매달리다 중병에 걸렸다. 6개월을 위험한 상태에 있었고, 3년 내내 신경쇠약에 시달려 정신력이 완전히 고갈되었다." 어떤 이는 전반적인 이완 상태에 빠져 살이 축 늘어지고 맥박이 약해지고 잇몸까지 헐거워져 상하지 않았는데도 치아가 아무 통증 없이 빠집니다. 이러한 원인에 따른 허약 증세가 중병과 만날 경우 지식인은 특히 위험할 수 있습니다. 영국의 어느 저명한 의사가 지적한 바로는 보통 사람에겐 미약한 질병일지라도 지식인에겐 아주 치명적일 수 있습니다. 기력 부족이 발열 증세와 더불어 신체 여러 기능에 교란을 일으켜 정상적인 작동을 처음부터 방해할 수 있다는 겁니다.

31

정신의 긴장과 신체의 무기력한 상태가 지식인의 질병을 유발하는 양대 원인이긴 하나, 그게 전부는 아닙니다. 따로 지적할 만한 원인이 몇 가지 더 있는데, 그중 바로 떠오르는 것이 건강에 해로울 수 있는 자세입니다. 앉은 자세에서는 허벅지 상단과 굽힌 무릎 때문에 혈관 내 혈액순환에 무리가 따르죠. 자세가 전반적으로 구부정해도 하복부 장기에 지장이 생깁니다. 기능에 새로운 장애 요인이 생기는 거죠. 자주 압력을 받는 위가 특히 부담을 지는데, 그렇지 않아도 긴장한 뇌와 부동자세로 축적된 부담에 이런 기계적인 고충까지 가세해 지식인은 보통 사람 이상으로 심장통이라는 질병에 취약해집니다. 장시간 앉아 있으면 하복부 혈관에서 거슬러 올라가기 힘들어진 혈액이 엉덩이 쪽의 혈관에 모입니다. 그로 인해 지식인을 흔히 괴롭히는 질병인 치질이 발병하는 것이지요.

32

지식인을 괴롭히는 또 다른 질병 원인으로 밤샘을 고려할 수 있습니다. 이는 다음과 같은 여러 양상으로 지식인의 삶을 피폐하게 만듭니다.

1) 낮 동안 공부한 사람이 밤에도 공부를 계속하는 것은 과도하다고 할 수 있습니다.

2) 그러면 수면 시간이 지나치게 단축되어 피로를 회복하기에 부족합니다.

3) 장시간 집중한 뒤에 취하는 수면은 안정되고 편안할 수 없습니다. 뇌섬유가 계속 진동하고 사고가 이어지는 상태라 수면에서 기대하는 효과를 얻을 수 없습니다. 그런 흐름을 끊지 않고는 잠들 수 없거나 설사 잠든다 해도 아무 소용 없이 사람을 더욱 피곤하게 만드는 반쯤 깬 가벼운 잠일 뿐 의식이 통째로 묶이는 진정한 수면이라 할 수 없습니다. 우리보다 현명한 고대인은 이로 인한 위험을 익히 알았

기에 일에 집중하는 시간과 긴장을 푸는 시간을 적절히 안배했습니다. 그들은 저녁 시간을 중요한 업무로 채우는 일이 거의 없었습니다. 유명한 집정관이자 위대한 웅변가 아시니우스 폴리오는 로마에 최초로 도서관을 건립한 인물입니다. 그는 밤에 공부하는 것이 얼마나 위험한지 너무도 잘 알았기에 해지기 2시간 전부터는 아예 편지조차 읽지 않았다고 합니다.

4) 밤에 공부하는 것은 밤의 시작을 휴식의 신호로 삼길 원하는 자연법칙에 정면으로 맞서는 행위입니다. 자연은 축축하고 차가워진 공기와 어둠, 적막을 거느린 채 다른 모든 생물의 본보기를 동원해 인간에게 수면을 취하라 권합니다. 대다수 동물은 해가 지면 기력이 떨어지는 것을 뚜렷이 느낍니다. 그래서 대기에 건강함을 되찾아 줄 거대한 항성이 다시 돌아올 때까지 잠에 곯아떨어지는 거죠. 일부 식물조차 잠을 잔다고 할 만한 어떤 상태로 진입합니다. 과연 지식인이라는 자가 이런 자연의 순리를 거슬러 뭔가 수상쩍은 의도를 품은 사람이나 야수와 더불어 밤 시간을 공유해야겠습니까?

어떤 사람들의 경우 밤공기의 해로운 영향력은 참으로 유별납니다. 판 스비텐 씨가 아는 어느 통풍 환자는 해가 진 다음엔 발작을 각오하지 않고는 단 한 글자도 읽을 수 없었죠. 너무 늦게 잠자리에 드는 대신 일단 침대에 누워 사색에 잠긴다 해서 덜 위험한 것은 아닙니다. 이미 말했지만 사색은 뇌에 다량의 혈액을 끌어모으는데, 수평으로 누운 자세가 이를 한층 용이하게 만들죠. 이때 엄습하는 잠은 오히려 혈량을 증가시키니, 뇌라는 기관은 필연적으로 그 악습의 후유증에 시달리기 마련입니다. 몸이 허약해지고 극심한 두통과 신경쇠약을 경험하고, 그 작동 자체가 불안정해져요. 사고의 질서가 흔들리고 망상에 빠지기도 하죠. 이 모든 문제가 편하고 안정된 수면을 취함으로써 해결할 수 있는 일입니다. 하지만 그러한 수면을 무슨 수로 되찾을까요? 인체의 고장 난 기능 중에서도 수면에 관계된 기능은 회복하기가 제일 어렵습니다. 잠을 팽개칠 땐 유쾌하고 즐거웠을지 모르나, 막상 잠이 아쉬울 땐 아무리 울고불고 매달려도 소용이 없습니다. 지금 내 앞에는 어느 부인에게서 온 편지가 놓여 있습니다. 쉰 살인 그녀의 고민은 이렇게 시작합니다. "저는 아주 건강한 체질을 타고났답니다. 하지만 어릴 때부터 밤새 책을 읽는 버릇에 빠져 지내다 보니 열여덟 살부터 심신이 쇠약해지며 여기저기 문제가 생기더군요. 염증과 충혈 증상이 보이고, 툭하면 불면증에 시달립니다."

수면의 필요성은 결코 간과할 수 있는 것이 아닙니다. 육체노동보다도 정신노동을 한 다음에 더욱 그렇습니다. 트로이젠 사람들이 뮤즈뿐 아니라 잠의 제단에도 똑같은 희생 제물을 바치는 이유가 바로 거기 있습니다.

5) 어둠을 밝힐 용도로 태운 연료에서 피어오른 기름기 섞인 연기에 오염된 공기가 눈과 신경, 폐를 자극해 밤샘의 위험을 가중합니다. 대신 초를 태우면 이런 위험을 대폭 줄일 수 있긴 하나 어느 정도는 위험이 잔존하죠. 밀턴이 시력을 잃은 것도 이런 식의 엄청난 밤샘 작업 때문이라고 합니다.

33

오로지 책에 파묻혀 사는 사람이 지속적으로 호흡하는 갇힌 공기. 대개는 간과하고 지나치지만, 이것이 바로 지식인의 병을 키우는 다섯 번째 원인입니다. 반면 농촌같이 트인 공간의 맑고 깨끗한 공기는 기운을 북돋고 호흡을 원활하게 해 주며, 생체 조직에 활기를 불어넣어 주죠. 그런 경험을 직접 해 보지 않았거나, 그와 같은 공기가 지식인에게 얼마나 도움이 될지 실감하지 못할 사람은 아마 없을 겁니다. 그럼에도 책에 파고드는 사람은 거의 언제나 갇힌 공간의 탁한 공기를 마시며 자신의 건강에 해가 될 원인을 키웁니다. 자기 방을 매일 환기하지 않으면 어제의 쓰레기 더미에 파묻혀 사는 것과 같습니다.

34

자기가 들이마시는 공기에 대한 일부 지식인의 이런 무신경은 사람 전체의 차원으로까지 번지기도 합니다. 나는 남에게 혐오감을 줄 정도로 청결에 소홀한 지식인을 알고 있습니다. 어쩌면 여섯 번째 원인일 수도 있는 불결로 인한 온갖 질병 앞에서 그들은 완전히 속수무책이죠. 자주 볼 수 있는 치아의 불결 또한 위험한 요소입니다. 이 닦기에 소홀하면 악취를 풍기는 치석이 두텁게 끼어 그 독성이 가까이 다가오는 사람에게 감염될 수 있습니다. 또한 입안의 침을 오염시키고, 잇몸을 상하게 하고, 충혈을 빈번하게 일으켜 입안 전체에 염증과 종기, 궤양을 유발할 수 있습니다. 궁극적으로는 치아를 잃어 소화에 필수인 씹기를 더 이상 할 수 없게 되죠. 이는 그렇지 않아도 식사를 하면서 책을 읽는 나쁜 습관 때문에 소화력이 시원찮은 지식인에게 썩 좋지 않은 요인으로 작용합니다.

35

일단 그 영향력에 노출되면 결코 무사하지 못할 일곱 번째 병인病因은 사람의 위장에 보다 신속한 타격을 가합니다. 소화에서는 신경 활동이 워낙 중요한 터라 위로 통하는 동물의 신경을 묶어 놓으면 그 안의 음식물이 소화되지 못한 채 그대로 썩어 버립니다. 기관을 감돌아야 할 생체 정기가 다른 일에 열중한 영혼에 의해 제때 배분되지 못하면 소화력이 필연적으로 떨어지는 것이죠. 음식물이 소화되지 못한 채 위에 오래 머물면 많은 양의 공기가 생성되어 위벽을 자극하고 위가 팽팽하게 부풀어 결국 위 전체가 약해집니다. 질란더는 플렘피우스[66]에게 보낸 서한에서 행정 업무로 인한 질병에 관하여 당대 이론에 입각해 멋들어진 기술을 했습니다. 이를테면 위장에 필요한 열을 영혼의 일에 지속적으로 빼돌리는 자는 음식물을 소화할 수 없다고 말이죠.[67] 물론 플렘피우스 자신의 저작에서도 그런 악습의 위험이 뚜렷이 느껴지죠. 각종 식이요법에 이력이 난 의사,

특히 학문을 파고드는 이들 특유의 악습 말입니다.

36

음식을 먹고 마실 시간조차 허락지 않을 만큼 일에 열중하는 것은 한편으론 우습고 다른 한편으론 비난받아 마땅합니다. 더군다나 이는 또 다른 악습으로 이어지기 쉬운데, 내가 지식인의 여덟 번째 병인으로 분류한 대소변을 오래 참는 습관이 바로 그것입니다. 너무 오래 참으면 배설물이 부패해 창자나 방광을 자극하고 점액성 조직을 손상시켜 심각한 질환을 야기합니다. 몸의 모든 공동空洞을 채우는 미세혈관이 썩어 가는 미립자를 빨아들이면 그것이 혈액으로 넘어가 혈액을 오염시키는데, 정작 무서운 일은 그렇게 시간이 한동안 지나면 신경이 더 이상 욕구의 지시에 응하지 않는다는 점입니다. 심지어 극도의 긴장이 마비를 불러오는 경우도 다반사죠. 창자와 방광이 더 이상 대소변을 몸 밖으로 밀어낼 힘이 없는 것입니다.68) 마비되는 방광의 부위가 약간 다를 뿐이지만, 이와는 정반대로 보이는 질환에 걸리는 경우도 있습니다. 이른바 오줌을 참지 못하는 증상인데, 소변을 너무 오래 참다 통제력을 아예 잃은 경우를 여러 번 상담한 바 있습니다. 이땐 오줌이 의지와 무관하게 줄줄 흘러나오죠. 자신에게나 남에게나 정말로 불쾌한 상황이 연출되는 셈입니다. 아무튼 지나치게 오래 배설을 참다가는 이보다 더 심각한 응징을 당할 수 있음을 명심해야 합니다. 성은이 망극한 황제 루돌프 2세의 사륜마차를 함께 타고 가다 오줌을 너무 참은 튀코 브라헤69)의 비극적 최후를 다들 아시겠죠. 잘못된 체면 차리기에 목숨까지 바친 사연 말입니다.

37

나는 사교 생활을 포기하는 것이 지식인의 아홉 번째 병인이라고 간주하는 데 아무 주저함이 없습니다. 일부 사람들은 처음에 인위적으로 그런 태도를 스스로 취하다 나중에는 취향 자체가 그렇게 변하고 말지만, 현실적으로는 그로 인한 불편을 감수하는 편입니다. 자고로 사람은 사람을 위해 창조된 존재입니다. 따라서 상호 간 교류에는 나름의 이점이 있는 법이며, 이를 포기하면 기필코 문제가 생깁니다. 고독이 사람을 무기력하게 만든다는 키케로의 지적은 옳습니다. 사교 생활이 살리고 은둔이 압살하는 쾌활한 감정 이상으로 건강에 기여하는 것은 세상에 없습니다. 앞서 말했듯 우울의 육체적 원인과 권태의 정신적 원인이 합쳐져 지식인은 이유 모를 서글픈 감정에 빠지곤 합니다. 그것이 건강에 미치는 영향은 쾌활한 감정이 긍정적인 만큼 부정적일 수밖에 없죠. 인간에 대한 혐오, 비애의 감정, 막연한 불만족, 모두 맘에 안 든다는 기분이 그로부터 고개를 듭니다. 이는 일체의 선의를 있는 그대로 향유할 수 없게 만든다는 점에서 최악의 질환을 떠올리게 합니다.

38

지금까지 나는 지식인에게 공통적인 질병의 가장 일반적인 원인을 지적했습니다. 이제 지식인의 직종에 따른 원인과 특정 기관에 따른 보다 특화된 원인을 살펴볼 것입니다.

해부학자는 오염된 공기를 호흡하거나 부패한 담즙으로 인한 질병에 노출됨으로써 극심한 발열 증상을 종종 겪습니다. 페로[70]는 낙타를 해부하다 걸린 열병으로 사망했죠. 할러는 괴팅겐에 체류하던 내내 담즙성 질환에 자주 시달린 원인을 해부학 강의실에서 부패 과정의 발산물을 흡입했기 때문이라고만 생각했습니다. 어떤 식으로든 해결책을 세우기 위해 지금껏 많은 대학에서 해왔듯 해부학과 식물학 강좌를 합칠 생각을 한 건 바로 그 점을 사실로 인정했기 때문일까요? 나는 그렇게 생각하지 않습니다. 다만 그처럼 부자연스러운 결합을 강행한 가장 그럴싸한 동기는 되었을 거라고 보지만. 해부학자가 지속적으로 손을 적시는 시신의 피 때문에 그 손의 가장 사소한 상처나 가벼운 표피박리마저 치명상이 될 수 있습니다. 커크패트릭은 이 글의 영문판 주석에서 저명한 영국인 외과의사의 사례를 소개하는데, 썩은 자궁을 해부하다 왼손 중지 끝의 가벼운 찰과상이 독에 감염된 것을 알고 즉시 손가락을 절단했다는 이야기입니다. 팔 전체를 자르지 않아도 되게끔 말이죠.

군대에 소속된 내과의와 외과의는 현장에 만연한 질병에 자주 희생되어 왔습니다. 지난 전쟁 때 프랑스군이 가져온 질병으로 목숨을 빼앗긴 독일인 의사들의 넋을 괴팅겐대학은 아직도 추념하고 있습니다.

화학 실험 또한 위험 요소가 있습니다. 실제로 희생당한 화학자가 한둘이 아니죠. 고드프루아 슐체는 안티몬산 연기를 흡입하고 나서 매우 격한 경련 증상을 일으켜 갈빗대가 부러지는 줄 알았다고 합니다.[71] 부르하버도 산성가스 때문에 질식할 뻔했으나 다행히 손닿는 곳에 있던 알칼리 용액으로 중화해 폐의 경련을 멈출 수 있었고요.

식물을 채집하고 실험하는 와중에 사망한 식물학자도 몇 명 있습니다. 하지만 이런 사건은 학문적 연구가 유독 특정 기관에 피해를 준 사례라고 보긴 어렵습니다.

39

앞에서도 이야기했지만, 사람의 눈은 가장 자주 시달리는 기관 중 하나입니다. 항상 지속적인 피로와 자극에 허덕이지요. 이따금 눈꺼풀과 안구 외벽에 염증이 생기고, 눈에 띄는 외적 결함은 없는데 자주 시신경만 손상되기도 합니다. 내가 만나 본 몇몇 사람은 한창 나이에 빛을 견딜 수 없어 큰 글씨만 간신히 읽을 수 있을 만큼 어두운 방에서 살았습니다. 그들이 특히 견딜 수 없었던 건 연기를 피우며 흔들리는 촛불의 불꽃이었죠. 가느다란 촛불조차 오래는 참아 내지 못했습니다. 그런가 하면 책을 몇 장만 읽어도 눈에 눈물이 그득하게 고여 더는 아무것도 분간하지 못하는 사람도 있었습니다. 책을 너무 많이 읽어서든, 그 밖에 다른 이유에서든, 시신경을 과도하게 사용해 초래되는 시각장애 사례는 매우 다양하고 또 괴이합니다. 이 문제에 관해 나는 매우 흥미로운 기록을 다수 갖고 있으나, 다른 책에서 본격적으로 논하는 것이 적절하다는 판단입니다.

40

웅변가 역시 직업에 따른 특정 질병에 노출되어 있습니다. 장시간 말하는 것은 책을 구술하든, 친숙하게 이야기하든, 강하게 설파하든 만만치 않은 노동입니다. 그로 인한 영향은 신체 모든 부위로 퍼지는데, 조절만 잘하면 폐와 위를 비롯해 소화에 관계된 모든 기관에 아주 이로운 결과를 가져올 수 있습니다. 나는 소화기 질환으로 고생하는 사람에게 말을 많이 하라는 조언을 해 왔고 대부분 큰 효과를 거두었습니다. 고대인에게 이런 요령은 아주 친근한 상식이었죠. 플루타르코스도 의사는 아니지만 말의 의학적 순기능을 매우 중요하게 여겼습니다. 말은 인체의 모든 근육에 작용하고, 발한을 촉진하고, 신경질적인 사람의 기분을 풀어 줌으로써 최대한의 선의를 실현할 수 있죠. 왠지 기분이 울적할 때 남과 담소를 나누거나 큰 소리로 책을 읽으면 그 기분이 감쪽같이 사라진다는 걸 사람들은 경험을 통해 알고 있습니다. 나는 수많은 관찰을 통해 건강염려증이 침묵을, 침묵이 건강염려증을 키운다는 사실을 확신하고 있답니다. 건강염려증 환자가 설혹 억지로 시작했을지언정 큰 소리로 책을 읽으면서 얼마 지나지 않아 기분이 풀리는 것을 나는 여러 번 목격했습니다. 따라서 이런 보조 수단은 정식 치료법에 반드시 포함되어야 합니다.[72] 한데 말이란 적절히 운용하고 통제하면 좋은 효과를 거둘 수 있으나, 지나치게 추구하면 낭패에 이르기 십상이죠. 말은 격렬한 운동이 그러하듯 근육을 지치게 할 수 있고, 가끔은 아주 힘겨운 피로감을 야기할 수 있습니다. 사람을 땀범벅으로 만들고 완전히 탈진시킵니다. 그중에도 직접 말을 하는 기관이 가장 지칩니다. 말은 호흡을 가쁘게 하고, 폐를 자극하고, 후끈 달아올라 불붙게 만들죠. 그러면 슬슬 목이 쉽니다. 목소리가 더 이상 나오지 않습니다. 가슴이 화끈거리고, 기침이 튀어나오다 별안간 피를 토합니다. 만성 발열 증세에 전신 쇠약, 급기야 깡마른 해골밖에 남지 않죠. 그토록 유능한 사람들이 마치 타인을 비추기 위해서만 타오르는 등불처럼 꺼져 갑니다. 키케로도 그런 경고를 받았죠. 의사가 그 점에 대해 주의를 주었고, 2년간 연설을 자제하라고 조언했습니다. 키케로는 그 조언을 받아들여 휴식을 취하며 기력을 보강했습니다. 덕분에 그간 일로 잃었던 건강을 회복할 수 있었답니다.

가장 안쓰러운 것은 교회에서 주야장천 설교만 하는 전도사와 소송 서류를 작성하고 변론하는 게 일의 전부인 법률가의 처지입니다. 두 부류의 사람들은 두 가지 양상으로 건강을 해칩니다. 첫째, 그들은 다른 지식인과 마찬가지로 열심히 일에 매달립니다. 둘째, 과장된 웅변술을 지향합니다. 얌전히 앉아 생활하는 그들의 폐는 완만한 혈액순환에 익숙한 만큼 웅변이라는 과격한 시도에는 무리일 수 있습니다.

이름난 배우 역시 웅변가와 동일한 문제에 노출되어 있습니다. 몰리에르는 '상상병 환자'를 온갖 열정을 다해 연기한 뒤 각혈로 사망했죠. 그 이전에는 몽플뢰리가 라신의 『앙드로마크』에서 오레스테스를 연기하다 같은 운명을 맞았습니다. 영국 귀족 본드는 볼테르의 『자이르』에 홀딱 빠져 뤼지냥을 연기하다 숨을 거두었습니다. 한데 그의 진짜 사망 원인은 웅변이 아니라 경이로운 장면에서 어쩔 수 없이 휩싸인 격한 흥분 상태가 아니었나 싶습니다.

음악가는 특히 가슴에 생기는 질환으로 죽습니다. 그들의 시신을 해부해 보면 염증과 화농, 궤양으로 엉망이 된 폐를 자주 볼 수 있죠. 모르가니가 알고 지내던 한 젊은이는 목소리가 매우 아름다웠는데, 자신의 재능을 과하게 발휘하다 그만 폐병에 걸렸습니다. 그는 폐에 생긴 궤양이 기관을 따라 후두와 목까지 퍼진 상태에서 달걀노른자를 삼키려 애쓰다 질식했습니다. 라마치니가 알고 지낸 유명 가수 세비나는 장시간 지속해서 노래를 부르면 어김없이 심하게 목이 쉬었답니다. 웅변과 노래 모두 가슴에만 해로운 게 아니라 머리로 피가 가득 몰리게 해 문제를 일으킬 수 있습니다. 경정맥으로 피가 빠져나가는 것을 폐가 방해하기 때문인데, 세비나는 장시간 같은 톤의 카덴차를 부르면서 심한 현기증으로 고생했다고 하죠. 메르쿠리알리스[73]는 노래가 두통을 야기하고, 관자놀이 동맥의 심한 박동을 유발하며, 안구 돌출을 초래하고, 이명耳鳴 현상까지 불러올 수 있음을 일찌감치 경고한 바 있습니다. 판 스비텐 씨가 아는 어느 여가수는 장시간 너무 높은 톤을 고수하려 무리할 때마다 영락없이 실신해 쓰러졌습니다. 비교적 단시간에 회복되긴 했지만요.

42

웅변 중에 너무 길게 숨을 들이쉬면 창자에 압력이 급격히 증가해 이따금 사고가 생기는데, 가슴에 탈이 나는 것보다는 낫지만 그래도 나름 위험합니다. 소위 탈장脫腸이라 하는데, 웅변가에게 자주 나타나는 증상으로 평소 붕대를 사용해 예방하기도 하죠. 노래를 많이 불러야 하는 수녀와 수도사도 그와 같은 불편에 자주 시달리는 편입니다.

43

이상 공부에 대한 과도한 집착으로 발병하기 쉬운 대표적인 질환을 살펴보았습니다. 그러나 열심히 공부한다고 해서 무조건 똑같은 질환에 같은 정도로 시달린다고 생각하면 안 됩니다. 서로 다른 기질, 다양한 연령, 이질적 상황이 한데 어우러지면서 나타나는 문제적 양상 역시 그만큼 다양하며, 이 점에 주목하는 것도 필요합니다.

신체 모든 부분의 기력이 완전한 조화를 이룰 만큼 완벽하게 타고난 사람은 별로 없습니다. 그리고 보통은 보다 약한 체질을 타고난 사람이 거의 언제나 과도한 공부 욕심을 부리기 마련이죠.

식사에 소홀해서든 타고난 체질 때문이든 위가 아프다면, 그건 신경은 말짱하나 공부에 지쳐서일 수 있습니다. 반면 배가 말짱해도 신경이 약한 사람은 위에 탈이 나기 전에 먼저 심각한 신경질환을 앓을 수 있죠.

근섬유가 너무 약한 사람은 신경과 위에 병이 생기기 전에 먼저 무기력증과 마비 증상이 오고 몸이 붓기 마련입니다.

폐가 극도로 좋지 않은 사람은 다른 장기에 이상을 느끼기 전에 앞서 말한 온갖 가슴통증과 만성 발열로 곤욕을 치를 수 있습니다.

머리 혈관이 약하면 만성 두통에 코피를 자주 흘리기 십상입니다. 공부를 열심히 하는 젊은이들이 쉽게 그리 되는데, 앞서 말했듯 뭔가에 열의를 다하면 머리로 피가 몰리기 때문입니다.

드센 성질도 나름 위험한 점이 있습니다. 나무랄 데 없이 건강한 체질인 젊은이가 지칠 줄 모르는 열정으로 공부에 매달립니다. 그럼 영혼의 강렬한 활동이 모든 신체 기관의 작동을 촉진하다 결국 드센 기질로 인해 지속된 자극의 결과로 염증성 질환이 생기죠. 가끔은 초기에 사망합니다. 일반적으로는 웬만큼 회복하는데, 완전히 나으면 그 기질이 다시 살아나 이전과 똑같은 태도로 공부에 매달리고, 그러다 결국 똑같은 질환을 겪습니다. 그런 식으로 공부에 열심인 열정적 기질의 젊은이가 해마다 열병치레를 하는 걸 종종 볼 수 있죠. 훗날 일과 열에 기운이 다 소진되었을 때 그들에겐 감당할 수 없는 우울증이 찾아듭니다.

45

죽도록 파고드는 공부의 결과는 연령에 따라서도 큰 차이가 납니다. 미련하게 매달리는 열정은 아이를 죽일 수 있어요. 자기 나이를 뛰어넘는 광기 어린 학구열이 아이의 총기를 타격하는 겁니다. 그런 아이를 기다리는 운명을 나는 아픈 마음으로 바라보곤 했죠. 그들은 인생을 천재로 시작해 바보로 끝냅니다. 그 연령대는 운동으로 몸을 튼튼히 할 때지, 몸을 약하게 하고 성장에 장애가 될 공부를 위한 때가 아니죠. 자연은 두 가지 빠른 성장 과정을 한꺼번에 이끌 수가 없습니다. 예전에 기적 같은 육체적 성장을 보인 아이들 얘기가 떠돈 적이 있습니다. 왕립과학학회의 최근 보고서에 의하면 랑그도크 출신인 여섯 살 소년의 신장이 성인과 다름없었는데, 그의 지적 수준은 과연 어땠을까요? 여전히 아이의 수준에 머물러 있었답니다. 조숙하지만 믿을 수 없는 육체적 능력은 생기기가 무섭게 사라지고, 열둘 내지 열세 살에 이르자 기적 같은 능력이 죄다 스러집니다. 정신의 성장이 무척 빠르고 재능이 일찌감치 발달해 그 속도에 맞춰 열의를 쏟을 수 있다 해도 몸은 그걸 전혀 감당하지 못합니다. 신경이 영양 섭취를 제대로 하지 못해 기력이 소진하고 병에 시달리다 죽음을 맞기 일쑤죠. 그와 같은 일을 우리는 장필리프 바라티에[74]의 유명한 사례에서 확인합니다. 그는 여덟 살에 모국어인 독일어는 물론 히브리어, 그리스어, 라틴어, 프랑스어를 완벽하게 읽을 줄 알았고, 열일곱 살에는 유럽 최고의 지성인이 되었죠. 하지만 어려서부터 잦은 충혈 증상과 이런저런 신체적 장애에 시달려 왔다고 합니다. 열여덟 살에는 천식을 앓더니 그 밖의 다른 질환에 계속 시달리며 식욕과 잠을 잃었고, 열아홉

하고 몇 개월 나이에 겨우 그 모든 것에서 해방되어 안식을 얻었답니다. 비슷한 시기에 또 다른 아이도 화제였어요. 고향인 님을 비롯해 다른 여러 도시와 1726년 일곱 살 나이로 사망한 파리까지 경이를 몰고 다녔다 합니다. 장루이 드 캉디야크라는 아이인데, 랑그도크의 유명한 가문 출신이죠. 세 살 때 그는 라틴어와 프랑스어를 완벽하게 읽었습니다. 네 살에는 라틴어를 마음대로 구사할 수 있었고, 다섯 살엔 그 언어로 시를 지었죠. 여섯 살엔 히브리어와 그리스어를 읽었고, 그때 이미 대수와 역사, 지리, 문장紋章학, 훈장勳章학의 정수를 터득했다고 합니다.

기억은 어린 나이의 무리한 공부로 가장 많은 고통을 겪는 인간의 능력입니다. 기억력을 완전히 상실한 사람의 사례가 결코 적지 않죠. 헤르모게네스는 열아홉 살에 그리스 최고의 수사학자로 발돋움했지만, 그 조숙한 과실果實이 오래가지는 않았습니다. 스물네 살에 모든 지식을 잃고 완전한 백치 상태로 여든 살까지 살았으니까요. 카라칼라 황제 역시 열여덟 살에 천재 소리를 들었지만, 나중엔 글자를 전혀 읽지 못했습니다.

『건강에 관하여 민중에게 고함』[75]이란 책에서 나는 얼마나 많은 사람이 힘에 부치는 과제를 자기 아이에게 부과해 괴롭히는지 꼼꼼하게 지적했습니다. 공부를 강요하는 부모나 교사는 마치 정원사가 나무를 다루듯 아이를 다루죠. 언제나 거기서 나오는 맏물을 내다 팔 생각으로 말입니다. 되도록 짧은 시간에 꽃이나 과일을 내놓길 강요하면서 여타 나무를 희생시키지만, 그렇게 얻어 낸 결실은 제철이 되어 숙성된 다른 것에 비하면 모든 면에서 한참 부실합니다. 그럼에도 거둔 결실이 놀라우면 정원사는 자기 온실과 화단을 자랑하죠. 아이에게 과도한 양의 공부를 강요하고 빨리 발전을 보이길 요구하는 것보다 더 잔인하고 어처구니없는 광기는 아마 없을 겁니다. 이런 광기야말로 아이의 재능과 건강의 무덤이거니와, 그것에 강력히 저항한 위대한 인물의 가르침에도 불구하고[76] 여전히 일반 모두의 심리에 스며 있습니다. 부모가 아이 자신이 분명 싫어할 공부 쪽으로 아이를 몰아붙일 때 특히 해로운 결과를 낳습니다. 모든 연령층에서 자신이 내켜하지 않는 대상에 머리를 쓰라고 요구받으면, 긴장 자체에서 오는 폐해에 짜증까지 겹쳐 결과는 급속히 나빠질 겁니다. 이땐 대상을 바꿔야만 문제를 해결할 수 있습니다.

46

때 이른 공부가 해롭다면, 너무 늦게 시작하는 공부 또한 못지않게 해롭습니다. 자연은 아주 더디게 습관을 들입니다. 그런 습관을 들이기 유난히 힘든 시기가 따로 있지요. 공부에 일찌감치 습관을 들이지 않은 채로 나이를 먹으면 뇌섬유는 새로운 종류의 삶이 요구하는 새로운 운동으로 휘어질까 봐 두려워합니다. 자칫 미칠 것 같은 혼란의 회오리에 휩쓸릴까 두려운 거죠. 공부를 줄이기 시작해야 할 시기에 오히려 공부에 뛰어들어 정신을 망가뜨리는 사람의 사례가 드물지 않습니다.

이 책의 이전 판본이 출간된 이후 나는 베를린의 유명 의사이자 나와 동기인 바티뉴의 훌륭한 저작을 받아 아주 만족스럽게 읽었습니다. 내가 수행한 진료 기록과 아주 유사한 기록이 담겨 있더군요. 거기서 그는 말합니다. "상당한 나이에 이르러 높은 주의집중을 요하는 새로운 지식을 터득하고자 애쓰는 것은 건강에 무척 해롭다. 나는 마흔 살에 수학 공부에 뛰어들어 과도하게 열심히 매달리다 머리에 문제가 생겨 고생하는 사람을 여럿 목격했다."[77]

나 역시 1764년에 한 외국인을 진료했는데, 그는 마흔 살에 장사를 접고 학문에 뛰어들어 로크, 뉴턴, 클라크를 읽다 그만 뇌에 문제가 생겼습니다. 일체의 독서를 중단하고 여흥을 즐기면서 유쾌한 대화를 나누고 적당한 운동과 치료를 하자 완전히 좋아지긴 했지만 그리 오래가진 않았죠. 다시 형이상학 공부에 매달리자 상태가 금세 또 나빠졌으니까요. 최근에는 쉰 살이 다 되어 과학자와 지리학자가 되겠다며 공부에 매달리다 정신착란으로 이어질 수 있는 우울증에 빠져 버린 환자를 진료한 적도 있답니다.

이처럼 뒤늦은 공부가 사람의 정신을 완전히 망쳐 버리진 않더라도 건강에 좋지 않은 것만은 분명합니다. 영국인 정원사 피터 스톤은 스물여섯 살이 되도록 글도 읽을 줄 모르고 셈도 할 줄 몰랐는데, 스물아홉 살이 되자 라틴어와 프랑스어를 깨치고 자기 일을 하면서 뉴턴의 원리를 섭렵했습니다. 뿐만 아니라 서른두 살에 이르자 적분에 관한 아주 멋진 저작을 출간하고 젊은 나이에 사망했죠.[78] 스물다섯 살이었던 페터 아니히[79]는 인스부르크에서 약 12킬로미터 떨어진 티롤의 작은 마을 오버페어푸스의 양치기이자 농부였는데, 당시 글자를 거의 몰랐습니다. 하지만 자기 일을 하는 틈틈이 천체의 움직임에 관심을 갖고 주의 깊게 관찰했습니다. 그는 구약성서의 장로들이 대개 그랬듯 타고난 천문학자였는데, 당시 수행한 여러 관찰과 그 진척 사항을 일일이 기록했다면 필경 인간 정신의 역사에 길이 남을 매우 독보적인 저작이 탄생했을 겁니다. 그는 스물다섯 살에 천체관측의 전문가들이 인스부르크에 거주한다는 사실을 알아내고는 곧장 달려갔죠. 거기서 P. 힐을 만나 자신의 관심사, 무지, 배우고자 하는 의지를 낱낱이 털어놓았습니다. 젊은이의 재능에 매료된 P. 힐은 성심을 다해 보살펴 주었죠. 얼마 지나지 않아 아니히는 기하학, 천문학, 지리학, 기계공학에서 높은 수준에 도달했고, 도구 제작의 달인이자 훌륭한 작가로 재탄생했습니다. 하지만 그 여파였을까요, 그는 1766년 마흔세 살에 사망했습니다. 말년에 온갖 병치레로 고생하다 말이죠. "정신이 육체를 소진시킨 셈이다. 생애 말년에 그는 노인성 우울증과 쇠약에 따른 각종 질환에 시달렸고, 귀가 먹는가 하면 걷기 힘들 정도로 비만해졌다. 숨이 끊기기 24시간 전에는 격렬한 두통이 엄습해 그의 시력을 앗아 갔다."[80] 농촌 생활이 두 사람에게 부여한 모든 힘이 정반대 인생을 통해 산산이 부서져 버린 겁니다. 좀 더 건장한 나이에 학문에 심취했더라면 훨씬 더 잘 버틸 수 있었을 텐데 말이죠.

47

갑작스럽게 열의가 치솟는 것도 좋지 않습니다. 푸자티의 훌륭한 저작에 소개된 사례 중에 어느 유명한 전도사의 이야기가 있는데, 교단에서 파견한 어느 도시에서 그는 유난히 무관심하고 산만한 그곳 청중의 분위기를 버텨 내느라 너무 애쓴 나머지 치명적인 간질 발작을 일으켰다고 합니다.

48

나이가 결코 젊지 않은 지식인이 지금까지 살아오며 연구해 온 분야와 완전히 다른 분야에 갑자기 파고드는 것 또한 위험합니다. 새로운 사상과 개념은 필연적으로 뇌의 새로운 섬유를 작동시키고, 이로 인한 정신적 긴장으로 신경이 예민한 사람은 쇠약증에 걸리고 맙니다. 내가 아는 아주 훌륭한 신학자는 늘 하던 공부를 중단하고 갑자기 히브리어에 몰두했다 건강을 완전히 망쳤습니다. 존경할 만한 목사 한 분은 쉰 살에 신학교 교수직에 추대되었으나, 얼마 안 가 무력증에 빠져 사망에 이르렀습니다. 새로운 소명이 요구하는 과제에 몰입하다 말이죠.

49

공부의 종류를 바꾸는 것이 나이 많은 사람에게 해롭다면, 노년에 이르도록 같은 공부를 계속하는 것 또한 해롭긴 마찬가지입니다. 108세가 되도록 평생 공부를 이어 가면서 아무런 병고도 겪지 않은 레온티니의 고르기아스처럼 행운의 건강 체질을 타고난 사람은 그리 많지 않습니다. 이를테면 그의 제자 이소크라테스는 아흔네 살에 「판아테나이쿠스」를 썼고, 아흔여덟 살에 명을 다했습니다. 모르가니는 예순일곱 살부터 파도바대학에 명예교수로 재직했는데, 여든일곱 살에도 여전히 명석한 정신과 기력, 지식을 유지하며 학생들을 가르치고, 이탈리아 여행 중에 이 위대한 인물을 찾는 외국인들과 활발히 교류했죠.[81] 그런가 하면 지금 칠십대로 평생 일을 해 온 유럽 최고의 한 의사는 얼마 전 내게 보낸 편지에서 요즘도 하루에 14시간 일을 하면서도 건강에 아무 문제가 없다고 말했습니다. 물론 이런 사례를 포함한 유사한 예들이 무슨 법칙은 아닙니다. 노령일수록 고된 일로 인한 시달림이 큰 편이며, 노화가 더 빠르게 진행된다는 것은 여전히 진실이죠. 우리의 영혼은 결단코 불멸하지만 육체와 결합된 이상 육체의 운명을 따르게 되죠. 그리하여 영혼은 육체와 더불어 나고 자라고 늙어가는 것처럼 보이는 겁니다…… 육체의 기력이 쇠하는 것은 우리에게 정신노동을 줄이라는 신호와 다름없습니다. 육체가 더 이상 이전과 같은 짐을 짊어질 수 없다면 정신 또한 이전과 같은 공부를 감당하기 어렵다는 뜻입니다. 근력만이 아니라 정신 능력도 함께 줄어드니까요. 이런 진실을 깨달은 노인은 별로 없는 것 같지만 엄연한 사실입니다. 나이를 먹어 감에 따라 일을 조절할 줄 아는 사람은 건강을 지켜 낼 것이고, 서재에 일을 처박아 두기로 제때 결심할 줄 아는 사람은 체통을 온전히 지켜 낼 겁니다.

> 현명한 사람은 나이 든 말을 목초지로 돌려보내나니, 급기야 숨이 다하여 거꾸러지면 그 광경이 조롱거리가 될까 저어함이라. (호라티우스)

여섯 살에 아주 근사한 시를 썼고, 여든에 서른 살 때보다 더한 활력과 열정으로 글을 썼다는 어느 유명 인사의 사례[82]는 아주 독특하고 드문 경우에 지나지 않겠죠.

브뤼셀의 한 행정관은 말했습니다. "더없이 건강한 사람이 한창때와 마찬가지로 일에 매달리다 초로에 접어들자마자 죽음을 맞는 경우를 나는 참 많이 목격했다. 그런 사례를 보면서 우리는 현명해져야 한다. 우리의 노년은 평온하고 건전한 여유 생활을 위한 것이다. 일을 차츰차츰 덜어 내다 마지막엔 내다 버리자. 우리 인생의 대부분을 공적인 일에 할애했으니, 이제 마지막 남은 시간은 우리 자신을 위해 사용하자. 법이 우리에게 그런 행동을 지시한다. 예순다섯 살이 되면 원로원 의원도 법에 따라 직무에서 해방되어 자신만의 삶으로 돌아갔다."

50

그런데 공부 자체가 지금까지 묘사한 질환의 유일한 원인이라고 생각해선 안 됩니다. 모든 종류의 정신적 긴장이 그와 같은 문제를 초래할 수 있습니다. 우리는 예술사에서 그러한 사례를 수없이 발견합니다. 그림을 그리고 음악을 작곡하는 작업은 관념적인 학문 연구만큼 강력한 정신 집중을 요합니다. 위대한 화가나 음악가의 재능 자체가 과도한 긴장의 위험을 면하게 해 줄 즐거움을 주지 못한다면, 그들 역시 지식인의 고질병에서 결코 자유로울 수 없을 겁니다. 단순히 음악을 연주하는 것만으로도 섬세한 신경의 소유자는 강한 자극을 받아 금방 지칠 수 있습니다. 내가 아는 어느 여성 음악가는 장시간 산책은 거뜬히 하면서도 클라브생 연주는 한 번만 해도 온몸이 땀범벅에 완전히 탈진 상태가 되는 바람에 이후 몇 년간 음악을 하지 않다 심신이 회복되고서야 다시 클라브생 앞에 앉았습니다. 그전까지는 남의 연주회조차 참관하지 못했습니다.

도를 넘는 신앙이 건강에 문제를 일으키는 일도 아주 흔합니다. 치머만 씨는 이에 관한 흥미로운 관찰 기록을 모았는데, 이른바 '종교적 우울증'이라 칭하는 아주 기이하면서도 가혹한 증상을 많이 확인할 수 있습니다. 지고한 존재 앞에서 영혼이 느끼는 희열의 감정, 그 아름다움과 위대함은 인간의 뇌에 너무도 강렬한 긴장을 유발하기 때문에 장기간에 걸쳐 이를 아무 문제 없이 감당하기란 쉬운 일이 아닙니다. 결국 영혼은 광신적 망상에 빠져들고 몸은 날로 피폐해지기 마련이죠. 나는 서글서글하고 건강한 젊은이가 잘못된 신앙 체계에 빠져 직업도 팽개치고 오직 하나만을 생각하며 황폐한 인간으로 변해 가는 광경을 종종 목격했습니다.

51

통치권이든 내각을 위시한 행정권이든 사법권이든, 이와 관련해 업무상 정신력을 장시간 심하게 쏟아야 하는 일은 지극히 추상적인 학문 연마에서 오는 것과 유사한 폐단을 초래합니다. 국왕, 의원, 장관, 대사가 학자들이 학문에 쏟는 정도의 열정과 시간을 공무 집행에 투여할 경우 지식인에게서 보이는 여러 폐해를 그들의 생활에서도 똑같이 확인할 수 있습니다. 물론 그들에겐 나름 유리한 점이 있는데, 직책상 어쩔 수 없이 따라붙는 여러 이권과 학자에게는 생소한 여흥거리가 주어지는 게 사실이죠. 반면 그들의 업무는 종종 타인의 고통과 불안, 파탄에 연루되어, 그로 인한 후유증은 얌전히 앉아 책만 파는 일보다 훨씬 혹독하거니와 심신에 못잖은 타격을 가할 수 있습니다. 그러니 대규모 과업에서 오는 압박감을 꿋꿋이 버텨 내는 사의 삶은 내게 늘 불가해한 현상으로 보입니다. 예컨대 카이사르, 무함마드, 크롬웰, 파올리 같은 이들은 자연으로부터 인간을 초월하는 능력을 부여받은 게 분명하며, 그럼에도 자기 수련과 절제가 없었다면 일찌감치 몰락의 길을 걸었을 사람들이에요. 어쨌든 이제 우리 이야기도 질환에 그만 집착하고 치유라는 주제로 나아갈 때입니다.

52

지식인이 건강과 관련해 우선 극복해야 할 어려움은 자기 잘못을 인정하는 일입니다. 혹여 그들이 품은 열정의 대상에 문제가 있다고 말해 주면 사랑에 눈먼 연인처럼 펄쩍 뜁니다. 공부로 인한 자기 긍정의 고정관념이 지적 수준에 편승하는 자존감과 더불어 상승작용을 일으켜, 그들은 자신의 생활 태도가 좋지 않다는 충고를 좀처럼 귀담아듣지 않습니다. 그들에게 경고하고 설명하고 타이르고 불만을 표해 보십시오. 모두 헛수고일 따름입니다. 그들은 아주 다양한 방식으로 자신에 대한 환상을 키웁니다. 누구는 자신의 기질이 제법 강건하다고 믿고, 누구는 나름 괜찮은 습관을 가졌으니 문제없다고 자부하죠. 혹자는 지금껏 무탈하니 앞으로도 그럴 거라 희망하며, 자기는 해당하지 않는 동떨어진 사례만 골라 스스로를 정당화하는 경우도 부지기수입니다. 하나같이 의사 앞에서 고집을 피우거나 그것이 무슨 줏대 있는 태도인 양 뻗대다 스스로 희생 제물이 됩니다. 다가올 위험을 경계하기는커녕 현재의 질환조차 인정하려 들지 않습니다. 그들에게 최악의 상황은 공부할 일이 없는 그 자체이며, 그것만 피할 수 있다면 나머진 아무래도 좋습니다. 그렇다고 활동성을 북돋아 지금과 정반대 상황에서 가상의 질환까지 신경 쓰게 만든다 한들 태도가 더 나아지는 것도 아닙니다. 기가 꺾인다고 해서 그들이 더 온순해지는 건 아니며, 오히려 고집보다 더 나쁜 불안증이 고개를 들어 어떤 치료도 믿지 않는 상황이 되기 십상입니다. 요컨대 지식인이란 다루기 가장 어려운 환자라 할 수 있습니다. 그래서 이들이 건강 회복과 그 유지 방법을 보다 적극적으로 깨닫도록 해야 할 이유가 하나 더 느는 겁니다.

53

지식인의 건강을 위한 최선의 예방책은 바로 정신이 휴식할 수 있는 여유를 갖도록 하는 것입니다. 감히 이런 충고가 먹히지 않을 만큼 대단한 인간은 극소수에 불과하다는 걸 나는 압니다. 그런 사람에게 휴식을 권하는 건 일종의 범죄행위겠죠. 숭고한 사색에 몰입해 인간을 진리의 길로 이끈 데카르트, 자연법칙을 발견하고 전개해 나간 뉴턴, 모든 세기와 나라를 위한 법전을 구상한 몽테스키외 등 그런 자들의 일은 의당 존중받아야 할 겁니다. 그들은 위대한 과업을 위해 태어난 존재이며, 공공의 이익이 그것을 요구하니까요. 하지만 밤샘 작업으로 그만큼 흥미진진한 결실을 거두는 사람이 과연 몇이나 되겠습니까?[83] 대다수는 시간과 건강만 불필요하게 소모할 뿐입니다. 가장 진부한 것을 긁어모으거나, 이미 누군가 한 말을 수없이 또 하거나, 쓸데없는 조사를 죽어라 반복하거나, 하찮은 글쓰기에 밤새워 목을 매는 등 고생은 고생대로 하면서 얼마나 자신을 학대하는지, 세상은 또 거기서 얼마나 보잘것없는 결실만을 취하는지 그 누구도 전혀 생각하지 못하는 겁니다. 대부분 공공의 이익 따윈 안중에도 없어요. 학문에 대해서도 미식가가 자기 욕망을 충족하려 고기를 씹어 삼키듯 공부에 열을 올릴 뿐입니다. 아주 기본적인 삶의 원칙을 너무 자주 망각하면서 말이죠. 서재에 처박힌 그들을 불시에 들이닥쳐 거칠게 끌어내세요. 억지로라도 아무것도 하지 않고 쉬면서 병세를 떨쳐 내고 기운을 차리게 해 보세요. 그들이 서재 밖에서 보내는 시간은 결코 헛되지 않습니다. 그들은 새로운 열의를 품고 다시 일터로 돌아갈 것이며, 매일 여가에 할애한 시간을 오랜 건강이 가져다 줄 더 많은 공부의 즐거움으로 보상받게 될 거예요. 아무것도 하지 않고 편히 쉬는 가운데 멋진 생각이 탄생하는 일은 드물지 않습니다. 이 시대 가장 아름다운 지성의 소유자는 전원을 산책하면서 불멸의 저작을 써내기도 했어요. 영혼은 탁 트인 야외에서 더 잘 성장하는 법. 벽으로 둘러싸인 서재의 답답한 공간은 허기만 자극할 뿐입니다. 시골의 꽃향기는 영혼을 고양하고, 램프의 기름 냄새는 영혼을 추락시키죠. 그런 뜻에서 플루타르코스의 비유는 아주 적절했어요. "약간의 물은 식물에 영양을 공급해 살리지만, 너무 많은 물은 식물을 압살한다네. 마찬가지로 적절한 공부는 정신에 자양분이 되지만, 과도한 공부는 정신을 짓누르지."84)

이런 경우 특히 질병 예방이 중요하다 할 수 있습니다. 인간의 뇌에 생기는 질병은 근본적으로 완쾌가 어려우며, 뇌 자체가 회복이 매우 더딘 기관입니다. 뇌는 지식인에게 꼭 필요한 기관인 만큼 지식인 스스로 잘 관리하지 않으면 안 되죠. 과노한 공부로 정신 기능을 마모하는 바람에 백치 상태로 추락한 이의 처지야말로 지식인에게 정신이 번쩍 들게 해 절제라는 혹독한 교훈을 주리라 생각합니다. 그러니 지식인은 자신의 위험한 오판을 합리화하겠다며 버티는 짓을 삼가야 합니다. 자기 건강을 가지고 도박을 하면 안 돼요. 남의 사례를 끌어다 자신을 정당화하지 마십시오. 자칫 치명적인 함정에 빠질 수 있습니다. 타고난 체질이 건강하다 안심해서도 안 됩니다. 사람은 하루가 다르게 나날이 쇠약해지니까요. 습관의 효력을 과신하지 마십시오. 습관에 길들다 보면 몸에 해로운 원인들의 활동이 무뎌지긴 하나 아주 사라지진 않습니다. 지금껏 운이 좋아 잘 모면해 왔다고 해서 향후 닥칠 위험을 방심해선 안 됩니다. 무리한 공부를 강행하다가는 반드시 탈이 나기 마련이고, 건강을 해치지 않는 선에서 학문에 정진하려면 공부하는 중간에 자주 쉬어야 한다는 걸 명심하십시오.

이 글에서 이미 비활동적인 생활 태도를 질병의 간접 원인으로 소개했는데, 이는 운동이 건강의 가장 강력한 비법이라는 주장과 같습니다. 이전 항목에서 탁 트인 야외 환경이 건강에 얼마나 도움이 되는지 살펴보았죠. 같은 맥락에서 한발 더 나아가, 나는 승마를 자주 하라고 권하고 싶습니다. 승마는 머리와 가슴, 특히 복부 장기에 아주 좋은 운동인데, 오래 앉아 지내는 사람에게 흔한 질환인 부종과 울혈을 효과적으로 제거하고 방지해 줍니다. 나는 지금 이 시대와 우리 후손들이 지식인을 상대로 필히 다음과 같은 여러 운동법을 환기해 주면 좋겠어요. 고대인은 아예 의무적으로 수행했으며, 우리 선조들도 그로 인해 큰 효과를 보았는데, 두서너 세대 전부터 유독 우리만 소홀히 취급하는 그런 운동 말입니다. 역사는 이런 운동의 효험과 관련해 아주 많은 예시를 제공하고 있죠. 저명한 의사로 히포크라테스의 스승이기도 한 헤로디쿠스는 체조의 창시자로 유명한데, 운동을 하나의 치료 요법으로 정립한 최초의 인물입니다. 그는 소위 운동요법을 만들어 건강을 챙겼고, 허약 체질을 타고났는데도 백 살의 수명을 살아 냈습니다.[85] 히스모네우스도 같은 방법으로 신경쇠약에서 벗어났고요. 서른 살이 되도록 허약 체질이었던 갈레노스는 매일 시간을 조금씩 할애해 몸을 움직여 줌으로써 건강을 지킬 수 있었다고 우리에게 가르칩니다. 소크라테스와 아게실라오스[86]도 아이들과 함께 어울려 막대목마를 타고 놀았고, 대신관 스카이볼라[87], 스키피오[88], 라일리우스[89]는 원반던지기와 바닷가에서의 물수제비를 즐기며 일상의 긴장을 떨쳐 내 건강과 활력을 지켰다고 하죠. 그러니 내 눈에는 그들이야말로 우리 시대의 내로라하는 지식인의 자존심에 상처를 주지 않으면서 따라 할 만한 본보기로 보입니다. 그런가 하면 말브랑슈 신부는 아이들의 놀이로 긴장을 풀었다고 해요. 보기엔 쑥스러워도 그런 놀이를 통해 아이들만의 순수함을 찾았다는 겁니다. 하지만 철학자라 그런지, 그런 유치한 놀이가 자기 영혼에 어떤 흔적을 남기는 건 바라지 않았다죠. 놀이가 끝나면 그는 다시는 무리하게 열중해 일하지 말자고 다짐했답니다. 어쨌든 아이들의 유치한 놀이야말로 지식인에게 유일한 긴장 완화 수단인 것만은 분명한 듯합니다. 가령 카드게임은 지식인에게 필요한 오락이 결코 아닙니다. 사행성이 깃든 모든 놀이는 필요 이상의 주의 집중을 요구하고 정신을 쉬게 놔두지 않거니와, 오히려 장시간 몸을 움직이지 않으니 건강에 도움이 될 리가 전혀 없죠. 소 플리니우스는 말했습니다. "몸을 움직여야 정신도 활동한다는 사실은 얼마나 놀라운가!"

라카유90)는 아주 병약한 체질을 타고났는데, 프랑스 국토를 측량하느라 어쩔 수 없이 몸을 움직이다 보니 건강해졌다고 합니다.

내가 가장 중요하게 여기는 운동법으로 지식인에게 권할 만한 것은 전신을 골고루 움직이는 운동입니다. 테니스, 당구, 사냥, 구주희, 페탕크, 심지어 원반던지기까지. 하지만 안타깝게도 이런 운동은 워낙 인기가 떨어져 소위

'교양 있는 신사'honnêtes gens라 칭하는 사람들은 그 운동을 하는 걸 거의 창피하게 여길 정도이며, 이런 유용한 놀이를 멀리하는 것이 만성 쇠약증을 부르는 중요한 요인 중 하나라는 사실을 애써 모른 척합니다.[91] 요즘 우후죽순 늘어나는 젊은이를 위한 시설에서만이라도 그런 놀이를 되살렸으면 하는 바람입니다. 그리하여 체육이 옛날처럼 젊은이를 위한 교육과 유희의 중요한 항목으로 자리하면 좋겠습니다.

55

비활동적 생활 태도를 고집하는 지식인은 운동을 하지 않고도 노년까지 건강을 유지한 소수의 남성, 여성 그리고 대부분 앉아서 일하는 수공업자의 사례를 끌어와 자신을 합리화하는 데 아주 적극적입니다. 한데 이건 스스로에게 상당히 좋지 않은 망상이며, 그들이 끌어오는 사례 또한 제대로 들어맞지 않습니다.

만약에 몸을 별로 움직이지 않으면서 충분히 건강을 유지하는 여성이 있다면, 필시 혈액순환을 돕는 다른 방법, 지식인에게는 없는 무언가가 있어서일 겁니다. 자연은 즐거운 기분에 보다 민감하도록 여자를 만들었습니다. 남자보다 즐거울 때가 확실히 많지요. 그래서 여자가 말을 많이 하는 겁니다. 여자의 수다는 그 자체로 필요한 만큼의 운동량을 제공합니다. 남자에 비해 과식하는 경우도 드물거니와, 깊은 사색에 잠겨 스스로 기력을 소진하는 경우도 좀처럼 없죠. 낮에 몰두했던 치열한 생각이 밤새도록 머릿속을 맴돌아 잠 못 이루는 경우는 거의 없습니다. 일에 파묻혀 사는 남자는 알 수 없는 소소한 사교 생활이 여자에게는 열정에 불을 지피는 중대사가 되고, 신체 기관에 큰 무리를 주지 않으면서 혈액순환을 촉진하는 매개체가 될 수 있습니다. 몸을 별로 움직이지 않으면서 건강을 유지하는 노인이 있다면 면밀히 관찰해 보십시오. 여자들이 누리는 이점에 관해 지금까지 이야기한 사정을 그에게서도 확인할 수 있을 겁니다. 말하자면 남자 가면을 쓴 여자라고나 할까요.

장시간 앉아 수작업을 하는 수공업자와 관련해서도 지식인은 착각하지 말아야 합니다. 경우가 완전히 다르니까요. 둘의 공통점이라면, 바람 직한 수준의 자리 이동을 하지 않는다는 점뿐입니다. 하지만 그 점에서조차 둘은 양상이 크게 다릅니다. 지식인은 휴일 없이 매일 책상에 붙어 지내지만, 수공업자는 모두가 쉬는 축제일이면 어김없이 그간 앉아 일하던 삶을 실컷 벌충합니다. 따지고 보면 수공업자는 자리를 뜨진 않지만 몸의 일부는 항상 움직입니다. 늘 앉아서 일하지만 일정한 신체 부위만큼은 힘들고 피곤할 정도로 끊임없이 움직이죠. 결국 일을 마치는 시점의 총 운동량은 아무리 적게 잡아도 대다수 지식인의 하루에 비해 월등할 수밖에 없습니다. 설사 수공업자가 충분한 운동으로 신경 활동을 촉진하지는 않더라도, 최소한 공부에 빠져 신경을 혹사하는 일은 없습니다. 요컨대 지식인의 공부는 잠을 빼앗고, 수공업자의 일은 잠을 푹 자게 해 줍니다.

56

몸을 움직이는 것이 지식인에게 꼭 필요하긴 해도, 괜히 잘못 움직여 오히려 해가 되는 일이 없도록 조심해야 합니다. 우선 몸을 움직이되 과도한 운동이 되지 않도록 해야 합니다. 자칫 기운을 북돋기는커녕 지치게 만들 수 있으니까요. 지식인의 성향이란 원래 극단으로 치닫기 쉬워, 대단히 비활동적인 상태에서 매우 활동성이 강한 상태로 갑작스럽게 이동하는 수가 있습니다. 며칠 운동을 많이 하면 오랫동안 운동하지 않고 지낸 시간을 만회할 수 있다고 혼자 상상하는 건데, 아주 위험한 착각이죠. 기운을 과도하게 소진할 뿐 아니라 이후에는 아예 탈진 상태에 빠질 가능성이 큽니다. 가뜩이나 혈관이 약한데 급격하게 운동량을 늘리면 그중 일부가 파열될 위험이 있죠. 이때 코피를 쏟거나 각혈까지 할 수 있다는 걸 나는 여러 번 눈으로 확인했습니다. 같은 뜻에서, 지식인에게 권장할 운동 목록 중 정신력을 소모해야 하는 운동을 제외하자는 세네카의 주장은 옳았습니다. 그런가 하면 오늘날 활동하는 이탈리아 의사 호모보 피소는 같은 원칙에 입각해 혈액순환으로 인한 위험이 그 정도에는 이르지 않을 것으로 보는 입장입니다. 어차피 몸을 혹사하는 동안은 무언가에 정신을 집중하는 것 자체가 불가능하기 때문이라는 거죠.

그다음으로 주의할 점은 몸을 심하게 움직인 직후 무언가에 열중하지 않는 겁니다. 여기엔 두 가지 이유가 있습니다. 첫째, 일단 휴식을 취할 필요가 있는데, 지친 몸은 정신 활동 속에서 결코 온전한 휴식을 취할 수 없습니다. 둘째, 몸을 움직여 혈액순환이 활발해지면 뇌가 자극받긴 하지만, 그 뇌는 사고의 정연한 맥을 따르기에 적절치 않습니다. 사고를 명쾌하게 전개하려면 뇌가 차분하고 질서 정연한 진동 가운데 있어야 하거든요. 당연히 지식인 중에도 맥이 빨라질 만큼 몸을 움직인 직후 어떤 일에 집중해야 한다면 머릿속이 어지럽고 혼란스러울 수밖에 없어 생각이 이리저리 떠돌지언정 명쾌한 논리로 그 생각을 꿰어 낼 수 있는 사람은 거의 없을 겁니다.

세 번째로 주의할 점은 식사 직후엔 과격한 운동을 삼가야 한다는 것입니다. 소화는 발효도 아니요, 용해도 아니요, 분쇄도 아니요, 그 셋을 한꺼번에 아우르며 안정된 환경을 요하는 일입니다. 소화를 위해선 활발한 신경 활동이 필요한데, 과격한 운동으로 신경이 다른 데에 치중하게 되면 소화에 지장이 생기죠. 음식물이 위 속에서 끊임없이 요동치게 둬선 안 됩니다. 그런 요동은 일단 시작된 소화작용을 매순간 방해하기 때문이죠. 식사 후 흔히 하는 운동으로 승마가 가장 해로운 이유가 바로 이것입니다.

마지막으로, 오랜 시간 몸을 움직이지 않다 처음 운동을 시작하면 어떤 운동이든 힘들고 몸에 좋기보다 오히려 해롭게 느껴질 수 있다는 사실을 명심해야 합니다. 그렇다고 물러서면 안 됩니다. 너무 과격하지 않은 운동으로 시작해 일단 불편한 느낌을 피한 뒤, 점차 운동량을 늘려 나가면 피로감 없이 성공적으로 충분한 운동 효과를 거둘 수 있습니다.

57

지식인이 적당히 공부하면서 운동을 늘려 나가면, 평소 시달리는 잔병치레를 거의 하지 않을 수 있습니다. 그러나 운동에 관한 한 남의 조언을 전혀 귀담아듣지 않는 사람들이므로, 최소한 몸이 허약해지는 원인을 늘리지 않고 줄일 수 있는 식이요법을 제시하는 것이 좋겠습니다. 히포크라테스는 지식인이 꼭 지켜야 할 음식 섭취의 일반 법칙을 제시했습니다. "음식은 되도록 노동량에 비례해야 한다. 몸의 기세가 음식의 기세를 넘어서야—즉 소화를 해야—음식은 비로소 영양분이 되고 몸에 힘을 부여한다. 반면 음식의 기세가 몸의 기세를 넘어서면—즉 위가 음식을 소화하지 못하면—음식은 각종 문제를 일으키는 골칫덩이가 된다."

지식인은 튼튼한 노동자와 자신이 얼마나 다른지, 서로의 식습관이 과연 같을 수 있는지 가늠해 봐야 합니다. 한쪽은 언제나 탁 트인 야외에서 일하고, 지속적으로 운동하며, 항상 쾌활할뿐더러 사색으로 뇌를 혹사하는 일이 없습니다. 늘 규칙적으로 수면을 취하고 배설하기 때문에 완벽한 건강 상태를 유지합니다. 소화력도 출중하기에 거칠고 투박한 식단조차 별로 고통스럽지 않습니다. 치아도 워낙 튼튼해 대다수 지식인에겐 익숙지 않은 씹기 동작이 노동자에겐 극히 자연스럽습니다. 관련 신체 기관이 모두 건강하므로 타액과 위액, 췌장액과 담즙, 장액 모두 분명 완벽에 가까운 순도를 갖추었을 겁니다. 위와 창자의 근섬유는 힘 있게 움직이고, 배설물은 깔끔하게 방출되고, 유미는 혈관에서 막힘없이 이동해 깨끗한 피를 만들고 그 여분은 소변과 땀으로 배출되어 몸이 완벽한 균형 상태를 이룹니다. 노동자에게 가벼운 수프나 당과류, 젤리, 닭고기, 흰빵을 내놓아 보세요. 순식간에 소화해 버릴 겁니다. 그러고는 당장에 비곗살과 훈제 고기, 치즈, 흑빵을 내놓지 않으면 배고파하며 땀을 삐질삐질 흘리다 온몸에 맥이 풀릴 겁니다. 반면 허약 체질의 지식인은 이런 음식을 먹을 생각만 해도 위에 예리한 통증이나 통증보다 무서운 공포를 느낄 겁니다. 아마 입에 대기도 전부터 극심한 소화불량에 걸릴 것이고, 뱃속에서 부패해 가는 음식은 일종의 독이 되어 유해한 결과를 낳을 겁니다. 부르하버는 이와 관련해 다음과 같은 위험을 경고했죠. "일부 탐식성 강한 지식인은 감히 시골 사람과 똑같은 음식을 먹으려 하지만, 그런 음식을 소화할 능력이 그들에겐 없다. 그러니 공부를 포기하든 식단을 바꾸든 둘 중 하나를 선택해야 한다. 계속 미련한 고집을 부린다면, 지독한 장내 폐색에 장시간 시달리면서 경솔함의 대가를 톡톡히 치를 것이다."

58

지식인은 주의를 기울여 음식의 종류와 양을 선택해야 합니다. 어느 쪽이든 잘못 선택하면 결과는 참담하겠으나, 실수가 불가피하다면 차라리 종류를 잘못 선택하는 편이 지나친 양을 집어삼키는 것보다 훨씬 낫습니다.

유익한 음식과 해로운 음식을 꼬치꼬치 따질 생각은 없습니다. 가급적 피해야 할 음식과 먹어도 좋은 음식을 대강 분류해 보는 것으로 충분합니다.

적절치 않은 음식은 대충 이러합니다.

1) 모든 기름진 음식은 위의 섬유질을 이완시키고, 타액과 담낭의 소화액, 내장 분비액의 작용을 무디게 만들며, 소화 속도를 현저히 늦춰 위에 장애를 초래합니다. 부패가 진행되면서 시큼하거나 역한 냄새를 계속 발산하고, 소화기관에 급성 염증을 유발하기도 합니다.

2) 점성이 있고 걸쭉하고 끈적끈적한 음식은 거의 지방과 마찬가지로 작용합니다. 이런 두 계열의 음식으로 고기파이, 튀김, 크림, 족발 등이 있습니다. 아울러 장어, 가오리, 갑오징어도 이런 유의 음식이죠.

3) 원래 단단하거나 소금에 절여 단단해진 음식물은 소화력이 약한 경우 매우 천천히 먹어야 하는데, 그 때문에 위에 머무는 시간이 길어 결국 그 양과 신맛이 자극을 유발함과 동시에 부패가 진행되어 염증의 원인이 됩니다.

돼지와 거위, 오리 고기는 세 계열의 문제점을 모두 갖고 있는 음식입니다. 타고난 허약 체질이거나 장시간 앉아 생활하는 사람, 게으른 사람, 지식인의 소화력에는 그다지 적합한 음식이라고 할 수 없습니다.

4) 공기를 많이 포함한 음식은 부푸는 성질 때문에 허약한 기관에 얌전히 머물기도 어렵고 분해도 제대로 되지 않아 몸 전체에 거북함을 유발하고 특히 머리에 문제를 일으킬 수 있습니다. 콩과 식물의 씨를 요리 재료로 사용하지 말라는 고대인의 충고, 채식을 그토록 선호했던 피타고라스도 잠두만은 피하라고 제자들에게 주의를 주었다는 사실 모두 그와 같은 사정 때문이었죠.

5) 너무 시거나(지식인은 신트림에 익숙합니다) 매운

맛의 자극성 강한 음식은 지식인의 여리고 불안정한 신경으로 감당하기 어렵습니다.

59

지식인에게 적합한 음식은 다음과 같습니다.

1) 평상시 식탁에 오르는 어린 짐승의 연한 고기. 단, 이때도 역시 돼지와 거위, 오리는 피합니다. 2) 바다와 강, 호수에 서식하는 비늘 있는 생선의 연하고 담백한 살점. 3) 밀, 호밀, 보리, 쌀, 귀리 등 각종 곡물도 좋습니다. 모든 콩과 식물을 무조건 해롭다고 생각해선 안 됩니다. 다른 식물보다 공기를 많이 포함하긴 하지만, 적당히 먹었을 때 해로운 경우는 보지 못했습니다. 콩과 식물의 씨를 잘게 빻아 소위 녹말 수프로 알려진 각종 수프에 물이나 고깃국물과 섞어 풀어 넣으면 소화도 잘되고 영양도 풍부한 아주 훌륭한 음식이 됩니다. 4) 맛이 너무 자극적이지도, 너무 밋밋하지도 않은 채소. 그중에서도 각종 치커리가 좋습니다. 5) 주로 녹말 성분으로 영양분을 공급하는 대다수 뿌리식물은 몸에 좋은 기름과 소금이 섞인 연한 당분까지 함유하고 있어 건강에 좋습니다. 6) 모든 문명국가의 주식이며, 대다

수 인종에게서 그 등가물이 존재하는 빵. 7) 달걀. 8) 우유. 9) 과일. 이와 같은 재료에 몇 가지 요긴한 처방을 가미해 요리하면 건강에 보다 좋은 음식을 만들 수 있습니다.

60

연한 고기는 굽거나 물을 아주 적게 넣고 삶아 먹어야 합니다. 이를 수프에 넣고 삶으면 영양분이 모조리 수프에 녹아들고 정작 고기에는 마른 섬유질만 남아 몸을 튼튼히 하는 데 도움이 안 됩니다. 연한 소고기, 질 좋은 송아지고기, 건조한 지역에서 기른 양고기, 닭고기, 너무 살찌지 않은 암탉, 거세한 수탉, 암평아리, 인도 닭, 비둘기 새끼, 자고새 새끼, 종달새 등은 신경이 섬세한 사람에게 가장 적합한 음식입니다.

비늘 없는 생선, 연못에 서식하는 물고기, 너무 살찌거나 끈적끈적한 물고기 등은 가급적 피해야 합니다. 생선은 물에 넣고 삶았을 때 가장 건강에 좋습니다.

달걀은 완전히 날것이거나 껍질째 살짝 삶았을 때 자극성 없는 부드러운 음식으로 최고입니다. 그래야 영양도 풍부하고 소화도 비교적 수월한 음식으로 환영받을 수 있죠. 그렇더라도 달걀 자체가 신선하지 않으면 몸에 해롭습니다. 단단하게 굳은 달걀은 소화가 매우 힘듭니다. 신트림이 심한 사람에게 아주 좋은 음식이 또한 달걀입니다. 달걀 전체를 잘 소화하지 못하는 사람은 흰자만 먹어도 좋습니다. 달걀흰자는 소화가 쉬우며 허약한 사람의 기운을 보강해 줍니다.

우유는 무엇보다 부드럽고 소화가 잘되는 음식으로 지식인에게 아주 좋습니다. 단, 우유를 변질시킬 수 있는 다른 음식이나 소화하기 힘든 음식을 같이 먹어 우유까지 그 음식과 더불어 위에 오래 머물게 해서는 안 됩니다. 요컨대 우유만 따로 마시든가, 다른 음식이 완전히 소화된 뒤에 약간의 빵과 함께 마시는 것이 좋습니다.

우유와 더불어 코코아도 단순한 음료라기보다 당당한 음식으로 인정받을 만합니다. 단, 부드럽고 영양이 풍부하고 소화가 잘되는 녹말 성분과 다소 자극성 있는 지방질을 동시에 함유한 종자를 적당히 달여 먹는 경우에 한해서 빠르게 기운을 북돋고 힘을 보강하는 영양소 역할을 다할 수 있습니다. 대신 남용은 절대 피해야 하죠. 카카오는 다혈질인 사람에겐 과도하게 작용해 기름진 음식이 그러하듯 혈류량을 높이고 피를 데우며 위에 묵직한 부담감을 줍니다. 따라서 소화를 방해하고 식욕을 빼앗으며 변비를 초래하기도 하죠. 카카오에 설탕을 조금 가미하면 소화가 다소 수월해지지만 다른 효과는 없습니다. 설탕 대신 향신료, 특히 바닐라나 용연향 같은 것을 넣으면 오히려 역효과가 납니다. 피가 뜨거워 툭하면 머리로 몰리는 사람은 치명적인 결과로 치달을 수도 있고요.

61

지식인이 보편적으로 즐기는 과일은 버찌, 딸기, 포도, 블루베리, 오디, 자두, 복숭아, 배, 살구입니다. 이 모두가 건강에 좋은 건 아닙니다. 버찌와 오디, 복숭아, 배, 포도는 언뜻 보기엔 선호할 만하지만, 다소 시큼한 성질이 지식인에게 그다지 적합하지 않습니다. 나라면 너무 지속적으로 먹거나 지나치게 많이 먹는 것은 피하라고 조언할 겁니다. 하지만 공부로 인한 질환을 나열할 때 가장 지독한 증상으로 담즙이 걸쭉하게 굳어 정체되는 것을 꼽는다면, 이 과일이야말로 예방과 치료 모두에서 가장 효과적이라 하겠습니다. 달콤하고 부드럽고 영양이 풍부한 과즙은 담즙을 묽게 만들고 폐색을 제거하고 둔화된 내장을 자극하고 하복부 폐색으로 인한 우울증까지 치료하므로 지식인에게 아주 좋습니다. 그런가 하면 과일을 되도록 피해야 하는 경우도 있죠. 이른바 속쓰림이 심할 때, 위와 창자가 이완되어 온몸이 축 늘어지고 피가 너무 묽고 기력이 소진된 때입니다. 과일이 적합한 사람들, 특히 위를 신중하게 관리해야 할 지식인은 식사가 끝난 직후보다 식사 시간이 한참 지나 위가 비었을 때 약간의 빵을 곁들여 과일을 먹거나 과일만 따로 먹는 것이 좋습니다. 무엇보다 물 이외에 다른 음료는 과일과 함께 마시지 않기를 권합니다. 물은 소화를 촉진하지만, 예컨대 포도주는 과일을 굳게 하고 시큼함을 더하기 때문입니다.

62

음식을 선택할 때 고려할 사항을 일반적인 법칙으로 제시할 수는 없습니다. 각자 자기에게 맞는지 아닌지 알아서 판단할 문제니까요. 어떤 사람은 고기가 채소보다 잘 소화되는데, 공복 상태에서 채소는 불쾌감을 주기 때문에 섭취를 최대한 자제합니다. 그런데 어떤 사람은 고기보다 채소를 훨씬 더 반길뿐더러 고기는 조금만 많이 먹어도 잠이 안

오고 불안하며 우울한 기분에 신열까지 나죠. 보통 지식인 사이에선 영양 공급원으로 채소를 좀 더 선호합니다. 플루타르코스는 고기를 아예 입에 대지도 않으려 했는데, 고기를 먹으면 지능이 떨어진다고까지 말했답니다. 이와 같은 식단을 정당화하기 위해 제논이나 플로티노스처럼 고기를 전혀 먹지 않고 채소만 섭취한 유명한 철학자의 사례를 인용할 수도 있겠습니다. 작고한 피렌체의 저명한 의사 코키[92]는 이 문제에 관해 아주 흥미로운 논문까지 발표했죠. 하지만 분명 어떤 사람에게는 불편할 수 있는 일방적인 채식 식단은 아무리 지식인이라도 위험할 수 있습니다.

채식만 하면 위가 현저히 느슨해지며 소화력이 둔화되고 담즙도 부실해져 나중에는 채소조차 제대로 소화하지 못하는 지경에 이릅니다. 그런 식단을 계속 고집하다간 수명이 줄어들 수도 있습니다.

갈레노스와 플렘피우스는 지식인의 건강에 가장 좋은 음식으로 주저 없이 민물고기를 꼽았습니다. 육고기보다 그런 생선을 먹은 다음에 몸이 한층 더 가뻔해집니다.

나는 빵만 먹으면 신트림이 올라와 더는 한 조각도 먹지 못하는 지식인을 몇 명 알고 있습니다. 건강한 사람에게는 그렇게 좋을 수 없는 빵이 일부 질환에는 전혀 그렇지 못하다는 사실은 임상의로서 조금만 관찰하면 다 알 수 있습니다. 나 역시 그런 사실을 근거로 빵을 자제하거나 가끔은 완전히 끊으라고 진단을 내린 적이 한두 번이 아닙니다.

달걀이 불편한 사람도 꽤 많은데, 그 이유가 늘 명료한 것은 아닙니다. 우유도 마찬가지고요. 그런 경우 당사자의 위를 직접 진료해 볼 필요가 있습니다.

63

요리는 간결할수록 건강에 도움이 되지만, 그렇다고 지식인의 주방에서 모든 향신료를 없앨 필요는 없습니다. 위의 근섬유가 워낙 느슨한 데다 운동으로 활동성을 회복할 일이 드문 편이라 인위적으로라도 둔화된 기관을 일깨울 가벼운 자극제가 필요합니다. 바로 소금이나 설탕 같은 조미료 말이죠. 계피, 호두, 육두구 그리고 무엇보다 백리향, 꽃박하, 바질, 파슬리, 회향처럼 건강에 도움이 되는 순한 향신료도 좋습니다. 하지만 기름이 많거나 너무 과도한 염분을 포함해 자극이 심하고 오래가는 것은 가급적 피해야 합니다. 모든 지식인은 호라티우스처럼 마늘을 멀리하고 겨자와 후추를 피하는 게 좋습니다. 아무리 순한 향신료도 너무 자주 많은 양을 사용하지 않도록 조심해야 하며, 일상적인 음식의 일부로 여기지 말아야 합니다. 어떤 식으로든 자극을 유발하는 음식은 혈류를 가속하고 기관을 혹사하며 수명을 단축하기 마련입니다.

64

건강을 위한 가장 중요한 식이요법의 원칙, 위가 약할수록 반드시 명심해야 할 철칙은 음식을 잡다하게 섞어 먹지 않고 한 끼 식사에 두세 접시 이상은 먹지 않는 것입니다. 아예 끼니당 한 접시로 제한하는 것이 최선이죠. 내가 아는 점잖은 노인은 마흔 살 즈음에 몸이 매우 허약했는데, 끼니당 한 접시만 먹는 규칙을 스스로 정한 뒤 아흔 살까지 지켰습니다. 지금은 완벽한 건강 상태를 유지하며 활력 넘치는 삶을 살고 있지요.

우리의 한 끼 식사가 평소 얼마나 다양한 요리로 차려지는지, 얼마나 잡다한 먹을거리로 눈 깜짝할 새에 우리의 위가 들어차는지 곰곰 생각해 본다면 그보다 우스꽝스러운 생활 태도를 떠올리기 어려울 겁니다. 거기에서 초래되는 결과보다 더 위험한 상황은 별로 떠오르지 않을 거예요.

이에 대해 호라티우스가 훌륭한 가르침을 남겼는데, 어떤 의사의 충고보다 교훈적이고 실감 나는 말입니다. "간소한 식사의 이로운 점을 생각해 봅시다. 무엇보다 식사를 간소하게 하면 건강에 좋습니다. 지금 당신 앞에 차려진 깔끔하고 담백한 식사를 떠올려 보세요. 거기에 난데없이 자극적인 스튜와 구운 고기, 사냥한 짐승 고기, 낚아 올린 생선을 마구 뒤섞는 순간 역겨운 신물이 울컥 솟으며 뱃속이 뒤집어질 겁니다."[93)]

65

지식인이 평소 아무리 간소하고 건강에 좋은 식사를 고수해도, 사색에 몰두하다 보면 음식을 제대로 씹지 않고 대충 삼키기 십상입니다. 이는 소화에 필수인 행위 중 하나를 소홀히 하는 아주 중대한 잘못이에요. 정확하고 꼼꼼한 씹기만큼 위를 편하게 해 주는 것이 없습니다. 씹기는 소화에 특효인 타액 분비를 촉진하고, 그 타액이 음식물에 꼼꼼히 배어들게 하며, 음식물을 아주 잘게 분할해 표면적을 넓힘으로써 위액 흡수를 보다 용이하게 만들어 줍니다. 위에서 음식물이 빠르게 분해되면 위에 머무는 시간이 그만큼 줄어들어 결국 부패할 틈이 없어집니다. 음식물로 인해 위가 자극받거나 탈이 날 이유가 사라지는 거죠. 이렇듯 소화 작용의 예비 단계라 할 씹기를 제대로 하면 나머지 기능은 아주 수월하게 작동합니다. 씹기가 중요한 이유는 이외에도 두 가지가 더 있습니다. 첫째, 영양은 제대로 공급받으면서 실제로 먹는 음식량은 보다 적어집니다. 둘째, 치아 건강을 지킬 수 있습니다. 요컨대 씹기가 건강 유지에 두루 미치는 영향과 그에 소홀한 잘못된 태도는 아무리 강조해도 지나치지 않습니다.

66

지식인은 소화 속도가 느리기 때문에 음식을 자주 먹는 것이 문제가 될 수 있습니다. 완전히 소화되려면 아직도 위의 힘이 필요한 음식물이 반쯤 들어찬 위와 음식물이 말끔히 소화되어 새로운 소화액이 분비된 채 새로운 음식물을 기다리는 위의 상태는 서로 아주 다릅니다. 첫 번째 상태에서는 무엇을 먹어도 소화가 원만히 이루어지기 어렵습니다. 따라서 지식인은 무엇을 먹든 과하게 먹지 않는 것이 매우 중요합니다. 이를테면 하루 세 끼 식사에서 두 번은 가볍게, 한 번은 다소 든든하게 먹으면 충분하다 하겠습니다. 내가 진료한 몇몇 사람은 과중한 공부로 위도 건강도 엉망이었는데, 의사로서 조언한 생활 방식을 그대로 준수해 기력을 회복했습니다. 자세한 내용을 여기 옮겨 보면 다음과 같습니다. 아침에 일어나자마자 찬물 한 컵을 마십니다. 30분 뒤에 조식을 먹고, 이후 4~5시간 동안 책상에 앉아 일에 열중합니다. 그러고 나서 최소 1시간가량 운동을 한 뒤 약간의 휴식을 취하고 중식을 먹습니다. 그 뒤에 몇 시간은 가벼운 산책이나 심신에 별로 부담을 주지 않는 사교생활에 할애합니다. 해가 지고 몇 시간 더 일에 몰두한 뒤 저녁을 먹는데, 아주 가벼운 수준이어야 합니다. 이는 지식인 집단에게 몇 가지 이유에서 무척 중요한 요건입니다. 첫째, 이미 쏟아지기 시작한 잠기운으로 머리에 피가 몰리는 상황에서 잠들기 전 과한 식사는 혈관을 팽창시켜 매우 위험할 수 있습니다.[94] 둘째, 수면 중에는 신경 활동이 둔해질 수밖에 없으므로, 신경 활동의 영향을 받는 소화작용 또한 시원찮아집니다. 셋째, 지식인의 잠은 원래 가벼운 터라 위에 음식물이 많으면 그에 따라 신경이 쉽게 흥분해 휴식을 방해합니다. 잠에서 깨어 일어날 만큼 기력이 충분한 것도 아니고, 평온하게 깊은 잠을 자는 것도 아닌 어중

간한 상태가 지속되기 때문에 피로가 쌓이고 건강을 해치게 됩니다.

내가 아는 지식인 중에는 저녁으로 우유만 약간 마심으로써 무너진 건강을 회복한 경우가 있습니다. 그렇다면 저녁을 아예 먹지 않는 것이 더 낫지 않느냐고 할 사람도 있을지 모르겠습니다. 그렇게 해서 건강을 유지한 경우도 일부 있겠으나 모든 지식인에게 권장할 방법은 분명 아닙니다. 지식인은 위가 극도로 예민하고 신경이 지극히 섬세한 편이라 너무 오래 빈속으로 있으면 농도가 짙어진 시큼한 소화액이 음식물로 덮이지 않은 위벽을 자극해 결국 수면을 방해할 겁니다.

67

먹는 즐거움을 신봉하는 사람은 이런 규칙이 현실성 없는 엄격한 규범에 불과하며, 정확히 지켜질 리도 없을뿐더러 지켰다간 오히려 위험한 결과를 낳을지 모른다고 생각할 수 있습니다. 하지만 이보다 훨씬 더 절제된 식사 습관이 완벽한 건강을 유지하는 유일한 방법임을 증명하는 사례는 수없이 많습니다. 장수를 누린 아나크레온[95]은 노령에 이르러 건포도만으로 식사를 대신했습니다. 아우구스투스는 여기서 얘기하는 지식인과 마찬가지로 허약 체질이었는데, 절제의 미덕이 지식인에게 귀감이 될 만한 인물이었습니다. 늘 최소한의 식사량을 고수했으니까요. 장수했음이 딱히 입증되지 않은 여러 은둔자는 차치하고, 일단 은자 테베의 바오로와 성자 안토니우스, 아르세니오스만 해도 빵과 대추야자, 이런저런 뿌리, 약간의 과일과 물만 섭취하면서 백 년이 넘게 산 것으로 기록되어 있습니다. 갈레노스는 운동과 소식小食을 통해서 병약한 체질을 고쳐 나갔죠. 14세기 저명한 법학자 바르톨루스는 음식을 일일이 계량해 섭취한 최초의 인물이었습니다. 그는 자신의 재능이 연구에 전념할 수 있는 최적의 상태를 항상 유지하도록 아주 적은 분량에 맞춰 음식을 줄여 나갔다고 하죠. 가장 놀랍고도 교훈적인 사례는 베네치아공화국 총독을 가장 많이 배출한 가문 출신 귀족 루이지 코르나로라는 인물에게서 발견됩니다. 그는 스물다섯 살부터 위장 질환과 옆구리 통증을 앓았고, 통풍에 시달렸으며, 만성 발열이 시작되었다고 합니다. 온갖 치료법을 동원해도 건강은 악화일로였죠. 마침내 모든 치료법을 포기하고 가장 절제된 생활 방식을 스스로에게 부과했습니다. 고체 음식은 하루 12온스,

액체 음식은 14온스로 제한했는데, 이는 당시 그의 나라에서 보통 한 사람이 섭취하는 양의 4분의 1에 불과했습니다. 『절제하는 삶의 이로운 점』이라는 소책자에 그가 자세히 기록한 철저한 식이요법은 서서히 효과를 발휘했습니다. 모든 질환이 하나하나 사라지고 평생 느껴 본 적 없는 만족감 속에서 튼튼하고 견고한 건강이 자리를 잡았습니다. 아흔다섯 살에 그는 인간의 출생과 죽음에 관한 책을 썼는데, 인생의 더없이 흥미로운 초상을 그 안에서 확인할 수 있습니다. "나는 지금 스물다섯 청년처럼 아주 건강하고 활기차다. 매일 7~8시간 글을 쓰고, 나머지 시간엔 산책을 하거나 수다를 떨거나 아니면 친구들과 함께 악기를 연주한다. 늘 기분이 좋고 입맛도 좋으며, 상상력과 기억력과 판단력 모두 생생하고 선명하다. 내 나이에 정말 놀라운 건 목소리가 힘차고 듣기 좋다는 사실이다." 그는 백 살 넘게 살았습니다. 플랑드르의 예수회 학자 레오나르두스 레시우스는 코르나로의 방법에 매료되어 절제하는 삶에 관한 그의 논문을 라틴어로 번역했고, 스스로 그 수행법을 받아들여 크게 성공을 거두었죠. 이를 바탕으로 그는 식이요법에 관한 책을 따로 집필해 소식小食의 이점을 조목조목 보여 주었습니다. 라마치니는 우리에게 스포르차 팔라비치노 추기경의 이야기를 남겼는데, 이분은 하루 종일 아무것도 먹지 않고 직무를 보다 가벼운 야식 한 번으로 모든 식사를 대신한다는 내용이었습니다. 뉴턴도 장수를 누렸는데, 사색에 깊이 파묻혀 지내는 동안은 약간의 빵과 물 또는 아주 가끔 에스파냐산 포도주 두어 잔만 먹었다고 합니다. 그는 생애 내내 소량의 닭고기를 추가하는 것 말고는 거의 그 이상은 먹지 않았다고 하죠.

68

물은 자연이 온 누리에 베푼 음료입니다. 자연은 모든 이의 미각에 맞도록 물을 만들었으며, 모든 음식을 분해하는 미덕을 물에 부여했습니다. 그리스인과 로마인은 물을 만병통치약으로 여겼고, 실제로 물은 담즙의 농도가 너무 짙어 체내에 수분이 급속히 결핍될 때 항상 최고의 치료제로 기능해 왔습니다. 비누 거품이 잘 일어나고, 채소가 잘 삶아지고, 빨래가 잘되는 깨끗하고 시원한 연수軟水를 선택해야 합니다. 이 세 가지 성질을 모두 갖춘 물이 소화가 가장 잘되고, 기운을 보강해 주고, 배설도 용이하게 해 줍니다. 체내의 각종 폐색을 방지하고, 깊고 편한 수면을 돕고, 머리를 맑게 하고, 밝은 기분을 유지해 줍니다. 이런 물과 술을 굳이 비교하자면 승자는 언제나 물입니다.

69

술은 일종의 자극제와도 같습니다. 근섬유를 자극하고 몸의 움직임을 촉진하죠. 이런 효과가 반복되면 결국 수명이 그만큼 단축됩니다. 포도주의 경우 시큼하게 변질되는 성질이 강하다 보니, 지식인의 단골 질환인 신트림을 악화하기도 합니다. 술은 지식인에게 아주 해로운 점이 한 가지 있는데, 그것만으로도 금주를 권하기에 충분합니다. 다름 아니라 심기가 머리로 치솟게 한다는 점이죠. 이는 공부로 이미 달아오른 머리에 어떤 식으로든 무리를 가하게 됩니다. 아주 드물게 두통을 덜어 주는 경우도 없지 않으나, 일절 금하지 않고서 뇌졸중의 위험을 완전히 피하기란 불가능합니다. 만약 매일 술을 마신다면 소화력이 향상되기는커녕 극히 튼튼한 위를 타고난 사람이 아닌 이상 그 반대 상태가 되고 말 겁니다. 물만 마시는 사람이 머리도 좋고, 기억력도 훌륭하며, 감각도 섬세하다는 건 자주 확인되는 사실입니다. 데모스테네스, G. 노데[96], 티라코[97], 로크,

할러는 오로지 물만 마셨습니다. 밀턴도 다른 것은 거의 마시지 않았죠. 특히 장수를 누린 사람은 거의 모든 신경질환을 악화하는 술을 아주 조금밖에 마시지 않았습니다. 그렇다고 내가 지식인의 술 사랑을 전적으로 단죄한다고 결론 내리진 말기를 바랍니다. 다만 매일 마시지 않기를, 이따금 치료를 위한 수단으로만 고려해 주길 바라는 겁니다. 매우 의기소침한 상태에선 이보다 더 기분 좋고 유용한 수단이 없을 테니까요. 뉴턴이 그랬듯 엄청난 과업을 앞두고 사기를 다지기 위해 또는 심리적 타격으로 꺾인 기세를 만회하기 위해 음식 대신 술을 아주 조금 입에 대는 건 좋습니다.

70

앉아서 공부만 하는 사람에게 술만큼 해로운 음료가 하나 더 있습니다. 바로 뜨거운 음료인데, 지난 100년 사이에 놀랄 만큼 기호가 폭증했습니다. 오늘날 의학에 불길한 선입관이 스며들었기 때문인데, 혈액순환 과정이 밝혀졌다는 감격이 채 가시기도 전에 건강을 유지하려면 혈액순환이 원활해야 하고, 그러려면 피의 유동성을 촉진하는 뜨거운 물을 많이 마셔야 한다는 터무니없는 생각이 퍼진 겁니다. 네덜란드 의사로 베를린에서 작고한 코르넬리스 본테쿠는 브란덴부르크 선제후의 주치의로 1679년에 차와 커피, 코코아에 관한 짧은 책자를 발간했습니다. 거기서 차에 대한 과도한 예찬을 마구 남발하며 하루에 무려 100잔 내지 200잔을 마셔도 위에 아무런 해가 없다고 장담했죠. 이 어처구니없는 오류는 놀랄 만큼 빠른 속도로 북유럽 일대에 퍼져 나갔고, 곧이어 참담한 결과로 이어졌습니다. 로테르담에 자리 잡은 프랑스인 의사 뒹캉 씨는 1705년에 작은 책자를 출간했는데, 뜨거운 음료의 남용을 경계하는 훌륭한 견해를 피력했죠.[98] 부르하버 역시 이에 강력히 반대하고 나섰습니다. 그가 가르치는 학생들도 모두 들고일어나 반대를 외쳤고, 이름 있는 의사 대부분이 이에 동조했습니다. 마침내 뜨거운 음료의 유행은 멈추었고, 몇 년 안 되어 그 열기가 눈에 띄게 수그러들었습니다.[99] 그러나 유감스럽게도 체질이 허약한 사람들 사이에선 아직도 그 편견이 건재합니다. 그들은 피가 빽빽해지는 증상이 문제라고 생각해 이를 해소한답시고 뜨거운 음료를 꾸준히 남용하고 있습니다. 그들의 탁자에 놓인 뜨거운 물이 가득 담긴 다기茶器를 보노라면, 마치 판도라의 상자를 보는 기분이 듭니다. 다른 점이라면 다기는 희망조차 남겨 두지 않는다는 점이죠.

71

뜨거운 음료를 남용하는 사람의 억지 논리를 무너뜨리기는 사실 그리 어렵지 않습니다. 그들은 혈액순환이 약해지거나 느려지거나 종종 문제가 발생하고 정체나 폐색이 일어나는 게 사실이나, 그 모든 건 혈관 자체의 결함 때문이지 체액의 농도나 밀도 때문이 아닙니다. 투박하고 거친 노동자와 평생 서재에 틀어박혀 지낸 사람의 피를 동시에 뽑아 살펴보면, 전자의 혈액은 진한 적색에 걸쭉하고 이따금 염증성 질환에서 목격되는 희부연 막이 덮여 있습니다. 반면 후자의 혈액은 수분이 많은 듯 묽고 색도 연한 편인데, 전자에서 보이는 막 대신 연한 젤리성 물질이 눈에 들어올 뿐입니다. 따라서 굳이 피를 묽게 하겠다면 전자를 대상으로 해야지, 후자는 오히려 농도를 짙게 할 필요가 있을 뿐이니 뜨거운 차를 많이 마셔 책상에 붙박여 앉아 있는 생활에서 주로 유발되는 수종水腫의 위험도를 높일 이유가 없습니다.

그런데 뜨거운 음료의 남용으로 제일 먼저 피해를 보는 것은 혈액보다 위장입니다. 마시는 양에 따라 다르겠으나, 일단 기관이 부풀면서 근섬유가 늘어나면 전체적으로 축 늘어져 기능을 온전히 수행하기 어려워지니까요. 이때 소화가 덜 된 음식물은 지나치게 오래 머물면서 위를 더부룩하게 하고, 이를 해소하기 위해 다시 뜨거운 차를 연거푸 들이켜게 됩니다. 반쯤 소화된 음식물이 쓸려 내려가는 느낌에 일순 시원할 수도 있겠으나, 실제로는 문제의 원인만 더 키우는 형국이죠.

또한 뜨거운 음료를 무분별하게 마시면 소화액이 물에 희석되어 제 기능을 못하게 될 위험이 있습니다. 소화작용의 핵심인 소화액을 무력하게 만들고 무탈하길 바랄 순 없겠지요. 그 어떤 음료나 효험이 있다는 건위제健胃劑도 자연 그대로의 소화액, 심지어 타액조차 대체할 수 없습니다. 건강을 위해 물을 많이 마시는 것이 상식이긴 합니다. 혹자는, 심지어 의사마저 물은 아무리 많이 마셔도 지나치지 않다고 말하죠. 하지만 이는 생체관리체계의 법칙과 물을 많이 마시는 것의 효과에 관한 인식 부족을 드러내는 발언입니다. 위벽의 이완, 소화액 약화, 소화되지 않은 음식물의 이동이야말로 물을 남용해 생긴 일반적 결과입니다.

특히 어떤 물을 마시느냐에 따라 그 폐해는 가중될 수 있습니다. 뜨거운 음료를 마실 경우 위벽과 창자, 기타 장기 등 음식물이 지나는 통로의 모든 신경을 보호하는 점막이 파괴될 수 있습니다. 점막이 한번 훼손되면 노출된 신경이 날카로운 통증에 시달리게 되어 앞으로는 최대한 부드러운 음식만 골라 먹어야 하는 상황이 됩니다. 위와 마찬가지로 표피가 손상된 내장 역시 날카로운 복통을 느끼며, 그로 인한 폐해가 미세한 신경과 혈관까지 퍼져 그토록 많은 사람이 고통을 겪게 되는 것입니다.

72

앞서 말했듯 음료의 성분에 따라 가중되는 위험의 정도가 달라집니다. 너무 자주 많이 마실 경우 가장 위험한 것은 수세기 전부터 중국과 일본에서 들여온 차입니다. 그 관문이 되어 온 지역에서는 우울증 내지 무기력증이 만연하다는 걸 우리는 알고 있습니다. 한 도시를 골라 주민의 건강상태를 살펴보면 차의 음용 여부를 단박에 판단할 수 있을 정도죠. 지금 당장 유럽에 선사할 가장 큰 선물이 있다면 바로 차의 수입 금지일 겁니다. 일부 수렴성 입자와 떫떠름

한 맛의 부식성 수지樹脂의 조합에 불과한 인기 만점의 잎사귀를 뜨거운 물에 우리면 혀를 살짝 옥죄면서 톡 쏘는 맛의 차가 완성되는데, 그 이완 효과가 보통이 아닙니다. 나는 아주 건강하고 혈기 왕성한 남자가 빈속에 차 몇 잔을 마신 뒤 나른한 상태에 빠져 하품과 기지개를 남발하며 몇 시간이고 맥을 못 추는 광경을 자주 봤습니다. 이런 현상이 모든 사람에게 공통으로 나타나지 않는다는 건 압니다. 건강한 몸으로 매일 적당량의 차를 즐기는 사람도 물론 있죠. 그러나 위험에서 벗어난 일부 행운아가 있다는 사실이 위험 자체가 존재하지 않는다는 증거는 될 수 없습니다.

73

커피는 차와 동급으로 놓기 어렵습니다. 그만큼 효과가 다르기 때문이죠. 커피도 뜨거운 물을 사용하긴 하지만, 단지 그 점 때문이 아니라 쓴맛의 방향성 기름 성분이 근섬유를 강하게 자극한다는 점에서 해롭습니다. 매일 커피를 남용해 자극을 방치할 경우 위벽 근섬유의 근력이 파괴됩니다. 점막이 떨어져 나가 신경이 자극에 노출되면서 근섬유가 변칙적인 운동성을 갖게 되는 것이죠. 따라서 만성 발열 증상을 겪게 되고 스스로 원인을 모른 척해 온 온갖 질환에 걸리고 맙니다. 커피의 기름 성분과 연관된 자극이 혈액의 유동성뿐 아니라 혈관 자체에도 타격을 가하는 것입니다. 반면 커피를 가끔씩 즐기는 경우라면 사정이 다를 수 있습니다. 위벽의 점액성 물질이 손상되긴 하지만 위 자체의 활동은 오히려 촉진되고 소화불량에 따른 두통과 더부룩함이 해소되는 경향이 있습니다. 심지어 생각이 맑아지고 정신도 날카로워져, 지식인의 말을 그대로 믿자면 대단히 유용하다 할 수 있습니다. 하지만 호메로스, 투키디데스, 플라톤, 크세노폰, 루크레티우스, 베르길리우스, 오비디우스, 호라티우스, 페트로니우스, 심지어 최근까지도 눈부신 업적으로 칭송받는 코르네유와 몰리에르가 커피를 마셨을까요? 커피가 유발하는 자극을 우유가 어느 정도 완화해 주긴 합니다. 그러나 완전히 없애지는 못하죠. 우유와 섞어 마시는 방법도 나름의 문제가 없진 않지만, 대부분 지식인은 매일 그런 식으로 마시지 않더라도 애용할 만한 요법으로 봐주자는 편입니다. 이런 태도는 누구나 필요에 따라 변질되기 십상인 만큼 위험하다고 보아야 합니다. 요컨대 인간은 독살된다는 걸 알면서도 그 독이 달콤하기에 기꺼이 삼키는 존재입니다. 스웨덴의 유능한 천문학자 셀시우스는 지구의 형상을 결정하기 위한 북극 파견 작업으로 유명한데, 커피를 남용한 탓에 죽음에 이르렀다고 하죠.

74

공기의 종류도 대단히 중요합니다. 몸뿐만 아니라 정신에도 직접 영향을 주는 요인이니까요. 히포크라테스는 건강한 공기가 지성을 부여한다고 말했습니다. 보이오티아와 트라키아의 공기는 정신을 무겁게 만들었습니다. "그자는 보이오티아의 탁한 공기 속에서 태어났다고 장담해도 좋으리."Beotum in crasso jurares aere natum.[100] 반면 아테네 공기는 정신을 날카롭게 했으니, 플라톤에 따르면 가장 현명한 사람을 키우고자 아테나가 일부러 그곳을 점지했다 합니다.[101] 현명한 지식인이라면 가급적 맑고 온화하고 건조한 공기를 선택하려 할 겁니다. 그런 공기는 폐에 좋고, 혈액순환을 도우며, 근육에 힘을 붙여 주니까요. 반면 습한 공기는 아주 좋지 않습니다. 지식인이 겪는 애로점을 가중하지요. 습한 공기는 사람을 축 처지게 하고, 카타르성 염증과 류머티즘, 마비 증상을 유발합니다. 지식인은 아우구스투스와 섬세한 기질을 가진 대부분의 사람이 그러하듯 지독한 추위나 더위에 유난히 민감해 잘 견디지 못합니다. 밀턴은 한여름 내내 거의 백치 상태에 가까운 무력증에서 헤어나지 못했다고 하죠. 도다르 씨[102]는 아주 조숙한 천재인 여덟 살 소년에 대해 이야기했는데, 무더운 때에는 기억력을 완전히 잃었다 날이 시원해지면 말짱히 회복했다는군요. 교황 인노첸시오 11세와 클레멘스 12세의 주치의로 유명한 란치시 선생[103]은 친구 코키에게 보낸 편지에서 날이 덥고 시원한 바람이 전혀 불지 않을 때는 생각을 할 수도 글을 쓸 수도 없노라고 했습니다. 극심한 추위는 신경을 자극해 예민한 사람은 경련을 일으키기 쉽습니다. 따라서 가만히 앉아 하루 종일 책만 읽는 지식인은 극단적인 날씨를 가급적 피하는 것이 좋습니다. 어차피 거주할 장소를 늘 마음먹은 대로 선택할 수는 없는 처지입니다. 보통 시골이 사색에 잠기기도 좋고 맑은 공기를 즐기기에도 안성맞춤이나, 이런저런 사정으로 도시 생활에 안착한 지식인 입장에서는 무조건 최적의 장소라고 할 수만은 없습니다. 다만 지대가 높고 여름엔 바람이 잘 통하며 겨울엔 해가 잘 드는 곳, 도살장이나 푸줏간, 무두질 공장 같은 곳의 역한 냄새가 닿지 않을 만큼 마을에서 동떨어진 장소를 찾을 수만 있다면 건강에 해롭지 않은 거주지를 선택할 수도 있을 겁니다. 무엇보다 신경 써서 방을 자주 환기해야 하며, 따라서 그냥 난로보다 굴뚝을 갖춘 벽난로가 있는 방이 건강에 훨씬 도움이 됩니다. 벽난로 방의 또 다른 장점은 난로 방과 달리 겨울에 발이 시렵지 않다는 건데, 이는 무척 중요합니다. 난로 방에서는 온도가 12도 이상 올라간 상태로 너무 오래 있지 않도록 주의해야 합니다. 자칫 불편감이 따를 수 있어요. 만일 10도에서 몇 시간을 앉아만 있으면 사지 말단부가 차가워질 수도 있습니다. 따라서 10.5도가 가장 적당한 온도로 보이지만, 그보다 높은 온도보다 차라리 낮은 온도를 유지하는 편이 더 낫습니다. 물론 온도계를 난로에서 멀리 떨어뜨려 놓은 상태를 전제한 얘깁니다. 벽난로 방은 아주 좁거나 불길이 무척 센 경우만 아니라면 바깥 날씨가 영하인 한 10도 이상으로 잘 오르지 않습니다.

75

불에서 떨어져 있다 발이 차가워지면 기질이 약한 사람은 위험할 수 있습니다. 그러면 머리가 무거워지고 목과 가슴에 통증이 느껴지면서 고질적인 감기에 걸립니다. 발한이 잘 안 되고, 소화가 어려우며, 극심한 복통이 엄습하면서 불면증이 심해집니다. 나는 예전에 쓸데없이 진통제만 먹으며 지내던 학자 몇 분을 성공적으로 치료한 적이 있습니다. 그들에게 매일 저녁 불 앞에서 약간 뜨겁다 싶을 정도로 발바닥을 데운 뒤 잠자리에 들라고 지시했지요. 이후 다들 아주 편하게 잠을 자게 되었습니다. 그런가 하면 밤낮으로 발바닥에 약간의 각성 효과가 있는 고약을 붙여 효과를 본 사람도 있답니다. 지식인은 피가 머리로 몰리는 경향이 있습니다. 따라서 치명적인 사태를 미리 예방하는 데 절대 소홀해선 안 됩니다. 공부를 조금 더 하겠다고 찬물에 적신 수건으로 이마를 동여매는 무모한 사람이 실제로 있습니다. 이건 정말 위험한 짓이며, 절대 하지 말라고 충고하는 바입니다. 대신 평소 모자를 쓰지 않고 맨머리로 지내는 건 아주 바람직합니다. 그리고 매일 아침 머리를 감고 얼굴과 귀와 목까지 차가운 물로 씻는 것도 좋습니다.

갑자기 머리가 묵직하면서 열이 나는 느낌이 들면, 일단 하던 일을 모두 멈추고 최대한 가만히 있어야 합니다. 당연히 말도 하지 말아야 하며, 시원한 물을 조금 마시는 건 좋습니다. 무엇보다 명심할 것은 이후 몇 시간은 일체의 정신 집중을 피해야 한다는 점입니다.

76

이처럼 공부를 많이 하는 사람이 머리에 피가 몰리는 걸 끊임없이 신경 쓰다 보면 결국 식후 낮잠을 즐기기가 어려워집니다. 식후 낮잠은 머리에 피가 몰리는 증상을 부르거든요. 만약 식후 낮잠이 일종의 버릇이 되어 어쩔 수 없이 곯아떨어지는 상황이라면 되도록 짧게 자는 방법이 필요합니다. 이 경우 내가 지식인에게 필요한 사례로 여러 차례 언급한 아우구스투스를 따라 해 보는 것이 좋습니다. 그는 옷을 모두 입은 상태에서 발을 덮고 두 손으로 눈을 가린 채 잠시 그대로 누워 휴식을 취했습니다.104) 특히 지식인은 잠들기 전에 목도리를 비롯해 몸의 이곳저곳을 압박하는 매듭을 풀어야 합니다. 그런 요인이 혈액순환을 방해하는데, 지식인처럼 체내 순환이 원활치 않은 경우 큰 화를 당할 수 있습니다. 공부할 때도 몸을 압박하지 않는 헐렁한 옷을 입는 것이 좋습니다.

77

흡연 또한 지식인이 쉽게 빠져드는 악습이 분명합니다. 영국의 재상 베이컨이 말했지요. "오늘날 확실히 자리 잡은 흡연 습관은 아편과 마찬가지로 우리 뇌를 망가뜨린다." 흡연은 감각에 음주와 같은 유의 효과를 미칩니다. 담배를 처음 피우는 사람은 과도하게 술을 마신 사람과 비슷한 상태에 빠집니다. 그렇지 않다면 음주에 익숙하듯 흡연에도 익숙해진 사람이겠고요. 우리는 흡연 습관을 사냥으로 먹고사는 야만족에게서 들여왔는데, 그들은 무료함을 달래기 위한 시간 때우기 수단으로 흡연을 즐겼던 겁니다. 200년 전에 누군가 나서서 흡연의 엄청난 폐해를 경고했을 리는 없다고 생각합니다. 하지만 이제는 말할 수 있습니다. 흡연이 모든 이에게 해롭진 않더라도 대다수 사람에게 피해를 준다는 사실, 적어도 우리가 살아가는 데 꼭 필요하진 않다는 사실을요. 하지만 음주의 위험을 아무리 말해도 술꾼이 들은 척도 하지 않는 것처럼 흡연자 역시 마찬가지입니다. 그러나 아직 흡연의 노예가 되지 않은 젊은이를 악습에 빠지지 않도록 계몽할 수만 있다면 나는 만족합니다. 담배는 프랑스에서 리스본으로 파견된 외교관 장 니코가 1560년 플로리다에서 온 어느 네덜란드인을 통해 처음 들여왔는데, 자극성이 강한 염분과 마취 성분이 있는 황을 기름이 함유된 물질로 싼 것이었습니다. 염분이 침샘에 가하는 자극이 열에 의해 증폭되면서 타액을 과다 분비하게 되고, 그 침이 또한 위로 흘러 들어가 이런 작용에 익숙지 않은 사람에게 구토와 설사를 유발합니다. 이런 일련의 증상은 차츰 사라지는데, 담배를 계속 피우는 사람은 이로써 뱃속이 해방되었다는 생각을 고수하기 마련이죠. 그들은 이 효과를 아주 신기하게 받아들입니다. 과연 하제 작용을 하는 담배의 매운 연기가 촌충 등 기생충을 박멸하기라도 할까요? 굳이 부정할 생각은 없지만, 그걸 입증할 만한 사례를 아직 접한 적은 없습니다. 설사 그런 효력이 있다 해도 담배의 여러 단점보다 딱히 와닿을 것 같진 않네요. 예컨대 담배의 자극적인 성분은 과다한 타액 분비를 유발해 다음과 같은 문제를 야기합니다. 1) 담배를 피우면 필연적으로 침이 분비되는데, 그 정도가 심할 경우 침을 모두 삼킬 수 없어 내뱉게 됩니다. 그러다 보면 소화에 필요한 침이 부족하게 되죠. 과도하게 침이 분비된 다음에는 급속도로 분비량이 줄어들기 때문입니다. 이런 자극에 익숙해진 기관은 침이 부족해 불완전하게 기능할 수밖에 없습니다. 2) 위가 따끔따끔한 느낌이 너무 잦으면 위뿐만 아니라 창자의 소화력까지 파괴되고 식욕도 그만큼 무뎌집니다. 결국 위와 창자 등 소화기관이 망가져 담배를 많이 피우는 사람은 술을 많이 마시는 사람과 같은 상태로 전락하고 맙니다. 3) 담배에 함유된 염분의 자극은 체액마저 변질시킵니다. 4) 담배를 많이 피우다 보면 술도 많이 마시게 되어 과도한 음주가 새로운 문제로 대두합니다.

담배의 마취 성분은 보다 해로운 다른 문제를 유발합니다. 진통제가 대부분 그렇듯 위장병부터 시작해 각종 기관 장애, 두통과 현기증, 불안증, 마비증과 뇌졸중을 일으키죠. 이로써 뇌의 활동을 자극한답시고 담배를 피우는 것이 얼마나 위험천만한 착각인지 우리는 알 수 있습니다. 더 헤이더[105]는 현명한 의사임에도 담배를 너무 많이 피워 한창 나이에 안타깝게 사망했습니다. 흡연이 원인인 무서운 질병 목록, 신뢰할 만한 저자들이 증언하는 피해 사례는 이제 놀랄 만한 자료도 아닙니다. 판 헬몬트[106]와 암스테르담 시장이기도 한 튈프[107], 그 밖에 많은 의사가 흡연으로 인한 뇌졸중 사례를 기록으로 전했습니다. 슐레지엔에 사는 어느 형제의 끔찍한 사례는 브로츠와프의 의사들 사이에서 아주 유명한데, 두 형제가 파이프 담배를 연달아 오래 피우기로 내기를 했답니다. 그러다 결국 한 명은 열일곱 번째 담배에, 다른 한 명은 열여덟 번째 담배에 뇌졸중을 일으켜 쓰러졌다고 하죠. 자연과학자들의 보고서에는 간질이 자주 등장합니다. 더헤이더와 틸프는 심한 가슴통증을 호소했고, P. 보렐리는 황달을 심하게 앓았다고 합니다. 고인이 된 베를호프[108]는 통풍에 시달렸고, 판 스비텐은 악성 간질환에 걸렸으며, 할러 씨는 폐병을 앓았습니다. 나는 파이프 담배를 피운 후유증으로 극심한 두통과 목이 화끈거리는 증상을 경험한 바 있습니다.

그렇다면 흡연은 아무 쓸모 없는 악습에 불과할까요? 일상의 기호품으로서 담배를 전적으로 비난만 해서는 안 된다는 게 나의 입장입니다. 파이프의 형태가 길고 가느다란 데다 그 안쪽에 굴뚝 내벽의 그을음처럼 마취 성분의 기름이 도포되어 있는 경우, 느긋하고 습한 기질의 사람에게는 흡연이 무딘 침샘을 적당히 자극해 주고, 위와 창자의 활동을 촉진하며, 장액의 과다 분비로 인한 질병을 차단해 주기도 합니다. 또한 타액관이 너무 이완되어 침이 과다 분비되는 증상을 줄여 주는 효과도 있는데, 자극성 있는 건위제가 이완된 위에 작용하는 것과 같은 방식으로 담배 연기가 작용하기 때문이죠. 흡연과 함께 흡입한 공기가 폐에 들어가 이따금 천식을 가라앉히기도 합니다. 기관지를 막았던 걸쭉한 점액을 가래침으로 배출하게 만드는 겁니다. 어떤 보고서에는 흡연이 비만인 사람에게 도움이 된다는 기록이 있습니다. 식욕을 떨어뜨려서일까요, 근섬유의 활동성을 높여서일까요, 아니면 체액을 변질시켜서일까요? 호프만은 흡연 덕분에 극심한 복통이 나았다고 보고했는데, 그것이 배설을 도와서인지 진통제 역할을 해서인지는 밝히지 않았습니다.

78

매번 코로 가루를 들이마시는 코담배 역시 위험하기는 마찬가지입니다. 요컨대 신체 기관의 신경을 직접 자극하는 셈인데, 나는 건강한 사람에게 그런 자극이 어떤 좋은 효과가 있는지 모르겠습니다. 아주 건강한 사람도 그런 담배를 남용하면 현기증에 시달리거니와, 안 그래도 몸이 허약한 사람은 실신까지 각오해야 합니다. 나는 많은 여성이 빈속에 코담배를 흡입하다 느닷없이 히스테리발작을 일으키는 걸 봤습니다. 섬세한 기질의 어느 네덜란드인은 코담배를 흡입하자마자 극심한 두통과 현기증을 호소하더니, 안색이 창백해지면서 심하게 구토를 했습니다. 코담배도 이력이 쌓이면 냄새의 자극에 무뎌져 신경이 일종의 마비 상태에 빠집니다. 코담배의 가장 위험한 증상은 위에 축적된

가루로 인한 것입니다. 최근 확인된 사례는 이런 종류의 담배가 기억력을 현저히 감퇴시키고 시력을 해친다는 충분한 근거를 제공하며, 이는 특히 지식인이 코담배를 자제해야 할 강력한 동기가 됩니다.

79

지금까지 지식인이 앓는 질환의 원인과 방지책을 대강이나마 살펴보았습니다. 하지만 본격적인 의학의 도움을 받아야 할 만큼 상태가 위중하다면 해당 질병에 특화된 처방이 있어야 하는데, 이는 본 글의 범위를 벗어나는 일입니다. 그렇더라도 건강에 영향을 미치는 삶의 방식에 항상 주의를 기울여야 하며, 그에 걸맞은 의료 대책을 세워 둘 필요가 있습니다.

80

지식인이 병에 걸린 게 분명하다면 무엇보다 먼저 공부를 당장 중단해야 합니다. 아무리 과격해 보여도 불가피한 조치입니다. 형편을 봐 주는 것이 오히려 해를 끼치는 꼴이 될 수 있습니다. 병에 걸린 지식인은 책과 학문을 완전히 잊어야 합니다. 서재 문을 들락거리지 못하도록 굳게 잠가야 하며, 오직 편안한 휴식과 탁 트인 야외에서 얻을 수 있는 즐거움에 자신을 온전히 내맡겨야 합니다. 이것 말고는 골똘한 사색에서 지식인을 끄집어낼 방법이 없습니다. 병든 지식인은 사색을 계속하는 한 회복하기 어렵습니다.

81

지식인이 심각하게 허약한 경우 소화하는 데 무리가 없다면 우유를 마시는 것이 좋습니다. 저명인사였던 우다르 드 라모트[109]는 건강이 매우 안 좋았는데, 장기간 채소와 우유만 먹으라는 처방을 받았습니다. 식단을 적절히 조절하면서 일종의 강심제로 술을 조금 곁들이는 방법도 있긴 합니다. 단, 술로 인한 부작용이나 소화력 결핍에 따른 만성 발열이 없는 경우에 한합니다.

82

기나피는 장기간 지나치게 집중한 후유증으로 심신 쇠약

에 이른 경우 최종적인 치료제라 할 수 있습니다. 이를 통해 소화력을 회복하고, 혈관을 강화하고, 묽어진 혈액의 농도를 높이고, 체액 분비와 발한 작용을 활성화하고, 신경에 활력을 주면서 불안정한 움직임을 다잡을 수 있습니다. 어느 유능한 기하학자는 계산에 몰두하느라 지친 상태에서 기나피를 달인 물을 옆에 두고 상용하며 겨우 정신을 추슬렀다고 합니다.

얼마 전부터는 기아나에서 새로 들여온 목피木皮를 사용하기도 합니다. 수리남의 소태나무 혹은 '칼리피아'qualifia라고 불리는데, 아주 가벼우면서 단단하고, 누르스름한 색에 냄새는 없지만 맛은 기나피보다 더 쓰죠. 또한 기나피와 달리 수렴성에서 오는 이른바 톡 쏘는 맛이 없습니다. 쇠약해진 위에 원기를 회복하고, 소화력을 복원하고, 복부팽만을 해소하고, 변비까지 치료한다는 점에서 약효가 기나피보다 더 좋다고 할 수 있습니다. 요컨대 지식인 입장에서는 새로 발견된 목피가 기나피보다 유용하다고 하겠습니다. 대신 각종 발열 증세, 괴저, 화농, 기생충 감염, 경련 발작 같은 증상에는 기나피의 약효가 단연 우수합니다.

냉수욕 또한 지식인에게 아주 적절한 치료법입니다. 위와 근육, 신경, 정신까지 기운을 회복시켜 다시금 피로를 견딜 수 있게 해 주죠. 나는 공부에 지친 젊은이가 냉수욕으로 묘한 힘을 보충해 새로 공부에 몰두할 수 있는 정신 자세를 갖춘 모습을 여러 번 봤습니다. 단, 지나치게 피로한 상태여선 안 됩니다. 그럴 때 냉수욕을 하면 오히려 안 좋은 결과를 낳을 수 있습니다. 냉수욕을 하면 먼저 내부 기관 쪽으로 체액이 역류하는데, 이때 기관의 반응 여하에 따라 좋은 효과를 기대할 수 있습니다. 그런데 기관이 반응할 힘이 없으면 오히려 역효과가 날 수 있으니 주의해야 합니다.

고대인은 목욕의 순기능을 아주 잘 알았기에 거의 매일 목욕을 했습니다. 물론 더운물 목욕이 대세였는데, 그건 오늘날 지식인과는 다른 이유에서였지요. 고대인의 목욕 습관은 과도한 공부로 인한 질환과는 대부분 무관합니다. 로마의 목욕 습관이 오히려 아우구스투스의 질환을 악화시키자 그의 주치의 안토니우스 무사는 냉수욕을 처방했고, 극심한 약체였음에도 그 방법은 성공을 거두었습니다. 나 역시 정신적 노고로 망가진 건강을 절제된 식단과 충분한 휴식 그리고 특히 냉수욕으로 다시 회복한 사람을 여럿 관찰한 바 있습니다.

84

마사지도 놓쳐선 안 될 좋은 치료법입니다. 아침마다 침상에 등을 대고 누워 무릎을 약간 세운 채 수건으로 배를 문지릅니다. 그러면 하복부의 모든 장기에 혈액순환이 원활해져 울혈이 방지될 뿐 아니라 이미 생성 중인 부종도 해소됩니다. 뿐만 아니라 담즙이 원활히 흐르고, 체액 분비가 촉진되고, 잃었던 소화력이 회복됩니다. 이러한 마사지를 전신에 하면 몸에 열을 일으켜 발한을 촉진하고 혈액순환이 활발해져 평소 운동 부족을 보완하는 효과가 생깁니다. 이런 기법의 이로운 점을 속속들이 알았던 고대인은 단지 치료로서가 아니라 건강을 지키는 일일 운동요법으로 마사지를 무척 애용했죠. 하지만 유감스럽게도 지금은 이 습관이 감쪽같이 사라졌습니다. 지난 세기말 영국 의사들이 나서서 지식인을 상대로 마사지 습관의 좋은 점을 환기하기 시작했는데, 나는 그들이 실행에 옮기기 전 먼저 켈수스와 갈레노스의 문헌부터 탐독할 것을 권하는 바입니다.

85

지금까지 얘기한 마사지 요법 못잖게 유용한 것이 바로 광천수 복용입니다. 광천수에도 여러 종류가 있는데, 지식인의 초기 질환에 가장 일반적으로 적합한 것이 바로 철분이 함유된 광천수죠. 자연의 창조자는 이 물에 아주 강력한 효능을 부여했고, 널리 분포되도록 조처했습니다. 세상 어디를 가도 눈에 띄는 광천수는 탁월한 효능을 자랑하는 보헤미아의 에그라, 쾰른 대주교구의 톤슈타인, 트리어 대주교령의 셀처, 알자스의 페터슈탈, 로렌의 뷔상, 사부아의 에비앙 혹은 앙피옹, 로잔의 푸드리에르 등이 유명합니다. 유럽 전역에서 이런 광천수를 마실 수 있죠. 가장 현저한 물의 효능으로 하복부 장기의 울혈 제거, 소화불량 개선, 숙면, 발한 촉진을 들 수 있습니다. 그것만 봐도 이 물이 지식인에게 얼마나 유용한지 알 수 있겠죠. 물만 마셔도 좋은데, 여기에 몰입을 중단함으로써 얻는 해방감, 마음껏 들이쉬는 공기, 운동, 절제된 식단까지 더한다면 치유 효과가 얼마나 놀라울지 짐작할 수 있습니다. 특히 광천수가 나오는 지역에서 곧바로 마신다면 첫째, 현장의 물이 가장 효능이 좋을뿐더러 둘째, 그곳까지 일부러 여행을 하면서 얻는 장점까지 더해 물을 복용하는 것 이상의 건강 효과를 거둘 수 있습니다. 꼼짝하지 않는 지식인의 생활 습성으로 볼 때, 조금 먼 도서관까지 가는 간단한 여정만으로도 그 고질적인 건강염려증이 줄어들곤 한다는 걸 우린 익히 알지 않습니까. 하지만 해박한 지식을 갖춘 의사와 상담하지 않고 아무 물이나 마시면 안 됩니다. 아무리 효능이 좋은 물이라도 적절한 방법에 따라 복용하지 않으면 오히려 해로울 수 있습니다. 작가이자 학자였던 모르호프는 노년에 큰 슬픔을 겪은 여파로 허약증에 시달리던 중 의사의 조언 없이 발데크 백작령까지 가서 피르몬트 광천수를 마셨고, 돌아오는 길에 사망했습니다.

그러나 이런 사례를 들어 대부분 그 효능이 입증된 철분 함유 광천수를 불신할 필요는 없습니다. 나는 직접 그 효능을 몸으로 체험한 사람입니다. 내 위는 아마도 과도한 업무량 때문에, 보다 확실하게는 1770년과 1771년 두 번에 걸쳐 극심한 염증성 질환을 앓은 이력 때문에 알게 모르게 약해진 상태였습니다. 당시 나는 음식을 소화하려고만 하면 고열에 시달렸고, 가장 소화하기 쉬운 음식을 아주 소량만 섭취하지 않으면 곧바로 극심한 통증이 뒤따르거나 토했습니다. 거의 언제나 시름시름 앓았다고 할 수 있죠. 그러던 중 나를 낫게 해 줄 건 리에주 공국의 스파나 발데크 백작령의 피르몬트에서 나는 광천수밖에 없다는 생각이 들더군요. 리에주 공국이 그나마 가까워 쉽게 마음을 정했습니다. 그곳에 당도하기까지 수일은 엑스라샤펠의 광천수를 대신 마셨고요. 20일간 푸옹과 토늘레의 광천수를 마셨는데, 스파보다 훨씬 낫더군요. 보름 동안은 제롱스테르의 물을 복용했고요. 모두 효과가 좋았습니다. 사실 내 위 기능이 정상으로 회복된 것은 이들 광천수 복용과 더불어 무려 11주 동안 책에서 완전히 떨어져 지낸 것, 돌아오는 여행길을 일부러 길게 늘려 잡은 것, 스파에서 내내 말을 타고 다닌 것 그리고 악착같이 지켜냈던 유별난 식이요법 덕택임을 이 자리에서 천명하지 않을 수 없습니다.

86

의사는 진료해야 할 환자가 다름 아닌 지식인이라는 점, 고로 다른 계층의 남자가 보일 만한 기력을 가진 경우가 매우 드물다는 사실을 절대로 잊으면 안 됩니다. 앞서 살핀 대로 그들은 염증성 질환(힘세고 다혈질이고 건장한 사람이 잘 걸리지요)에는 비교적 강한 반면 소화불량이나 하복부 장기의 울혈로 인한 부패성 질환에는 민감한 편입니다. 따라서 사혈보다는 하제를 이용한 배설이 그들에게 더 적합한 요법이죠. 사혈을 하면 그들은 당장 맥이 풀립니다. 어쩔 수 없는 사유로 부득이 지식인이 사혈을 하는 경우 거의 항상 건강염려증을 보이곤 했습니다. 사람들은 가상디[110]가 무리한 사혈로 체력이 한꺼번에 떨어진 탓에 사망했다고 여깁니다. 취리히대학의 물리학 교수이자 스위스의 명예를 떨친 인물인 게르너 씨는 한창 나이에 미열 증상으로 파리에서 사혈 요법을 받고 이후 6개월 넘게 무기력 상태에 빠져 지냈으며, 고생 끝에 겨우 회복할 수 있었습니다. 요컨대 지식인을 상대하는 모든 의사는 매우 중요한 진실, 즉 허약한 사람에게 사혈 요법을 잘못 쓸 경우 그 부작용이 생각만큼 빨리 회복되지 않을 수 있다는 점을 명심해야 할 것입니다.

87

지식인이 앓는 열병의 근원에 보다 나은 작용을 하는 것은 사혈 요법이 아닌 하제 요법입니다. 이는 아주 기분 좋은 효과를 내는 치료법으로, 병 자체를 몸 밖으로 완전히 방출해 시원하게 끝을 보는 방법입니다. 지식인이 특히 애호하는 요법이기도 한데, 심지어 건강한 상태에서도 남용하는 경우가 있죠. 예컨대 자주 시달리는 변비는 몇 번이나 대변을 봐야 가까스로 해소되므로 인위적인 하제 요법을 가끔 온건하게 활용한다면 나쁠 게 없다는 생각인 겁니다. 이와 관련하여 베이컨 재상은 자신이 자주 사용하는 대황을 추천했는데, 나라면 켈수스도 인정한 알로에를 더 권했을 겁니다. 알로에야말로 모든 하제 중에서 소화작용에 가장 무해한 물질이니까요. 이는 마치 비누처럼 작용하면서 지식인이 종종 그 기능을 상실하는 담즙을 대신하는 것처럼 보입니다. 반대로 담즙이 과해 신경이 자극을 받아 지속적인 복통이 느껴지면 되도록 부드러운 완하제를 사용해야 하는데, 이땐 금방 딴 계수나무 열매가 가장 효과적이죠. 타르타르 크림도 자주 활용되는 물질이고요. 그러나 변비를 앓는 지식인이 어떤 결정을 하든, 나는 하제 요법을 자주 쓰는 것에 대한 위험을 경고하지 않을 수 없습니다. 빈번한 하제 요법은 빈속이 되는 상태에 익숙하게 만들어 결국에는 심신 쇠약을 유발합니다. 게다가 창자는 갈수록 기능이 저하되어 나중에는 완전히 정지하고 맙니다. 창자의 내벽을 덮은 섬세한 점막이 파괴되고, 그 틈으로 신경이 노출되어 극심한 복통에 시달리며, 아주 부드러운 식단이 아니면 혹독한 고통에서 벗어날 수 없게 됩니다.

88

지식인이 고열에 시달릴 땐 무엇보다 뇌에 주목해야 합니다. 그들의 뇌는 쉽게 달아오르고 아주 약간만 열이 올라도 몸을 장악하는 신경 작용이 뚝 떨어져 그만큼 고약한 망상증에 시달리게 됩니다. 이때 쇠약 상태가 가중되어 신경이 혼란으로 치달을수록 발작 증세가 악화합니다. 지식인은 조금이라도 아프면 신경이 고통에 시달리며 무조건 두통이 옵니다. 내가 여러 번 확인한 바로는 가벼운 열만 있어도 쇠약 증세가 같이 나타나, 사정을 잘 모르는 사람은 무슨 악성 증상인 줄 알고 기겁하게 됩니다.

89

지식인의 회복기는 항상 길고, 기력은 느리게 돌아오며,

정신에 병의 후유증이 선명히 남습니다. 나는 이런 상황에서 지능과 기억력이 떨어졌다고 바보 같은 표정으로 불평하지 않는 지식인을 거의 본 적이 없습니다. 만약 그들이 완전히 회복하기 전에 일을 재개할 만큼 신중하지 못하다면, 이전보다 더 혹독한 병치레를 각오하겠단 얘깁니다. 제일 먼저 벌받을 곳은 머리, 눈, 위장입니다. 모든 기능에 이상이 올 거예요. 장시간 정신 집중이 신경에 미치는 영향은 워낙 뚜렷해서 책을 열심히 읽거나 사색에 몰두할 경우 배설 기능에 지장이 생기고 맙니다. 회복기를 소홀히 여기는 지식인은 건강을 완전히 회복하지도 못하고 진정 의미 있는 과업을 이루기도 어렵습니다. 불과 며칠 일찍 열정의 대상에 몸 바치고 싶어 인생의 안녕을 송두리째 희생하는 건 아무래도 계산을 잘못한 처사라고 볼 수밖에 없습니다. 열정은 원래 계산을 잘 못하죠. 특히 학문을 향한 열정만큼 맹목적인 건 없습니다.

회복기의 지식인을 가장 피곤하게 만드는 건 단연 불면증입니다. 다른 질환보다 잠을 잘 수 없다는 사실에서 오는 고통이 제일 견디기 힘들죠. 이따금 술이 좋은 효과를 거두기도 합니다. 특히 평소 술을 잘 마시지 않는 사람에게는 특효약이나 마찬가지죠. 이 경우 부작용이 없는 마취제를 사용하는 것과 다름없으며, 심지어 치료 때문에 어쩔 수 없이 더운물을 상용해 많이 약해진 위에 다시 힘을 불어넣는 효과도 기대할 수 있습니다. 기운도 북돋고 기도 살리는 거죠.

90

지식인으로서 건강에 주의를 기울이는 일은 물론 중요하나, 보다 중요한 것은 건강의 노예가 되지 않는 것입니다. 지식인은 대개 습관에 약하다는 지적을 받는데, 고지식한 습관은 사실상 노예근성의 발로입니다. 내가 아는 지식인 중에는 식단에 어찌나 얽매이는지 정신이 육체에 완전히 예속된 것처럼 사는 사람이 있습니다. 식사 시간이 약간 늦어지거나 난로 열기가 조금 변하거나 취침과 기상 시간이 지체되면 갑자기 아무것도 하지 못하게 되는 인간을 과연 어떻게 생각해야 할까요? 뉴턴은 아침 일찍 일어나 가볍게 옷을 챙겨 입었다고 합니다. 날씨가 어떻게 변하든, 기온이 얼마나 오르고 내리든 하루 종일 끄떡없게끔 말이죠.

지금까지 나는 지나치게 열중하는 데서 비롯한 각종 질환의 원인과 증상, 예방책과 치료법을 최대한 상세히 검토해 보았습니다. 하지만 여러분은 아직 다 채워지지 않은 느낌일 겁니다. 건강을 유지할 최적의 방법, 방정한 품행에서 오는 정신적 만족을 빠트린 기분이랄까요. 품행이 올바르면 생활이 유쾌하고, 생활이 유쾌하면 건강이 절로 찾아듭니다. 적어도 지식인이라면 호라티우스가 말한 행복한 사람의 기질에서 교훈을 얻어야겠죠. "마음이 올바른 사람은 몸도 건강하다."Mens conscia recti in corpore sano. '사려 깊다'는 말과 '박식하다'는 말은 오랜 세월 동의어였습니다. 우리는 미덕과 지식을 같은 우물에서 길어 왔어요. 품행이 엉망인 지식인을 우리는 보지 못했습니다. 도덕으로 채우지 않은 법률이 무슨 쓸모가 있나요.Quid leges sine moribus vanae proficiunt. 우리는 미와 품위를 끝없이 추구하고, 선을 바라보며 악을 행하는 사람을 경멸합니다. 그런 사람은 끊임없는 후회의 산물인 슬픔이 근섬유의 이완과 소화불량, 심신쇠약에 탈진을 초래하는 것과 마찬가지로 모든 신체 기능에 힘과 절도, 안정성을 부여해 굳건한 건강을 보장해 주는 즐거운 기억과 선행의 추억을 스스로에게 금합니다.

타고난 재능을 모조리 낭비한 뒤 마침내 잘못 산 인생을 마칠 순간이 다가오자 공포에 사로잡힌 사람들의 망연자실한 표정을 떠올리면 가슴이 아픕니다. 반면 플리니우스의 충고에 따라 평생을 지혜롭고 무덤에 들어갈 때까지 부끄럼 없는 양심과 감성, 재능을 마음껏 펼치며 살아간 존경할 만한 사람들의 온유한 임종을 떠올리면 그저 흐뭇해집니다. 저명한 역사가인 파올로 조비오[111]가 15세기를 대표하는 지식인 N. 레온치니[112]에게 물었다고 하죠. 아흔이 넘도록 선명한 기억력과 온전한 정신, 꼿꼿한 신체와 활력 넘치는 건강을 유지하는 비결이 대체 무엇이냐고. 의사는 대답했다고 합니다. "방정한 품행, 안정된 정신 그리고 소식小食의 결과입니다."

92

이제 더 이상 길게 논의를 이어 갈 필요는 없을 것 같습니다. 대신 누군가가 제기할 법한 궤변 섞인 반론을 미리 막는 뜻에서 꼭 필요한 성찰의 결과물로 마무리를 할까 합니다. 이 글에서 과도한 공부 열정의 폐해로 온갖 질환을 나

열하고 분석했으나, 그렇다고 내가 공부 자체를 위험한 것으로 간주하거나 공부를 혐오한다고 결론을 내리진 않았으면 합니다. 이 거창한 문제는 아직 미해결이며, 나로선 하지 말았어야 한다고 보는 그 유명한 소송[113]에 한몫 끼어들고 싶은 마음일랑 전혀 없습니다. 내 생각과는 좀 다르지만, 설사 학문이 일반적인 사회의 행복에 조금도 기여하지 못한다는 게 사실일지언정 건강도 의무도 저버리지 않고 터득한 학문적 지식이 당사자의 행복에 기여한다는 것만은 부정하지 못할 겁니다. 때 이른 공부의 위험성을 여러 사례를 통해 보여 줬지만, 그렇다고 내가 청소년기를 무의미하게 방치하자는 주장을 펼친 것은 아닙니다. 그게 아니라 아이들은 생의 첫발을 떼면서부터 무엇이든 거침없이 배울 수 있는 능력이 있으나 지금까지 해 온 방식대로는 더 이상 안 된다는 것이 내 입장입니다. 요컨대 중요한 것은 아동의 초기 교육은 반드시 장래 그 아이의 적성에 맞춰 이루어져야 한다는 점입니다. 학문에 투신할 아이를 위한 교육은 다른 적성을 가진 아이를 위한 교육과 달라야 하죠. 그 아이의 능력을 어릴 때부터 최대한 주의 깊게 관리해야 한다는 뜻입니다. 가령 각기 다른 적성을 가진 아홉 살짜리 아이 열 명이 있는데, 그중 학문에 적성이 있는 아이가 가장 덜 똑똑하다고 칩시다. 이 아이들이 열두 살이 되자, 즉 파스칼과 뉴턴도 아직 라틴어를 모르던 바로 그 시기에 덜 똑똑했던 아이가 두각을 나타내기 시작합니다. 열여섯 살부터는 나머지 아이들과 격차가 상당히 벌어지고요. 나는 무모한 열정만으로 공부에 매달리는 사람을 비난한 것이지 지혜로운 방법으로 학문을 추구하는 사람을 겨냥한 것이 아닙니다. 백보 양보해서, 학문을 향한 애정으로 모든 걸 희생하다 고약한 질병에 시달리거나, 무지를 고수하다 수치심에 시달리거나 둘 중 하나입니다. 잉카의 마지막 황제 아타우알파는 프란시스코 피사로[114]의 무지함을 간파하고 치미는 경멸감을 억제할 수 없었는데, 이야말로 교육의 필요성을 증명하는 훌륭한 논거로 보입니다. 어딜 따져도 공부 자체를 비방하는 사람들이 나의 논지를 오해할 문제는 아니죠. 다음 두 원리 중 하나를 선택하는 일만 남은 겁니다. 정신을 연마해 진정으로 행복해질 것인가, 아니면 가장 어리석은 동물로서 인간보다 행복해질 것인가.

주

옮긴이의 말

1) 안 C.빌라 · 로낭 Y.샬맹, 「'재능을 앓는 환자': 지식인의 병리학을 말하다, 티소에서 발자크까지」(Malade de son génie…: raconter les pathologies des gens de lettres, de Tissot à Balzac), 『Dix-huitième Siècle』 47, 2015, p.57 참조.
2) 이동렬, 『빛의 세기, 이성의 문학: 프랑스 계몽사상과 문학』, 문학과지성사, 2008, p.25.
3) 볼테르, 『철학사전』(Dictionnaire philosophique), Flamarion, 1964, p.254.
4) '지식인'intellectuel이란 용어는 19세기 말 드레퓌스사건을 계기로 공식적으로 사용되기 시작했다는 것이 통설이다.
5) 본서 4번 항목에서.
6) 본서 52번 항목에서.
7) 본서 18번 항목에서.
8) 본서 53번 항목에서.
9) 본서 56번 항목에서.
10) 본서 73번 항목에서.
11) 본서 75번 항목에서.
12) 본서 87번 항목에서.
13) 본서 28번 항목에서.

14) 본서 89번 항목에서.

머리말

1) 『Avis aux Gens de Lettres et aux personnes sédentaires sur leur santé』, 티소의 라틴어 저서로부터 번역. Paris, J. Th. Hérissant. 이런 부실한 출판물을 두고 이미 말한 내용을 초판에서 반복할 필요는 없다. 이제 나도는 책도 얼마 없어 그대로 잊히길 바랄 뿐이다.
2) 그렇게 해서 나온 이 번역본은 1768년 4월에 출간되었다. 머리말의 날짜는 1766년 4월 8일이고, 제목은 '문인의 병약함에 관한 학술적 담화'(Sermo academicus de litteratorum valetudine)로 프랑크푸르트에서 제8판을 찍었다. 이 책의 프랑스어 판본은 독일어, 영어, 이탈리아어, 에스파냐어, 폴란드어로 각기 번역되었다.

읽고 쓰는 사람의 건강

1) 『Quod animi mores, corporis temperamenta sequentur』, t. III, Charterius t. IV, p.457.
2) Luigi Lilio(1510~1576). 현재 사용되는 그레고리력의 창안자. (옮긴이)
3) William Gilbert(1544~1603). 자기학의 창시자. 전기에 일렉트릭스(electrics)라는 이름을 부여했다.(옮긴이)
4) Robert Boyle(1627~1691). 공기 특성에 관한 실험을 통해 '보일의 법칙'을 발견했다. (옮긴이)

5) Herman Boerhaave(1668~1738). 네덜란드의 명의로 근대 임상의학의 선구자. (옮긴이)
6) Johann Conrad Gessner(1516~1565). 스위스 외과의사·박물학자. (옮긴이)
7) Aulus Cornelius Celsus(BC.30~AD.45). 그가 집필한 방대한 『백과전서』 중 「의술에 관하여」(De Arte medica)만 남아 있다. (옮긴이)
8) Gaius Plinius Secundus(AD.23?~79). 방대한 저술 가운데 오늘날까지 전해 내려오는 『박물지』가 유명하다. (옮긴이)
9) Aretaeus(AD.30?~90?). 카파도키아의 아레타이오스라 불리며 당뇨병 증상을 최초로 기록했다. (옮긴이)
10) 『An essay on diseases incident to literary and sedentary persons』, with a preface and notes by J. Kirkpatrick, London, 1769.
11) Bernardino Ramazzini(1633~1714). 지식인의 질환을 타고난 기질보다 직업적 조건에서 심도 있게 다뤄 연구의 독창성을 인정받았다. (옮긴이)
12) 『Opera omnia, medica et physiologica』, p.648.
13) 『Adventur』, t.I.no2.
14) "생물체(animale)의 삶을 관리하는 질서와 메커니즘, 기능과 운동 전반을 가리킨다. 그 보편적이고 완벽하며 일관된 운용을 통해 지극히 만족스러운 건강 상태가 유지되며, 반대로 조금만

흐트러져도 자체로 질병이 된다. 결국 그것의 완전한 정지는 생명의 대각에 위치하는 상태 즉 죽음을 부른다."(디드로·달랑베르, 『백과전서』 제11권, p.361) (옮긴이)

15) Charles Bonnet(1720~1793). 스위스 생물학자·철학자. (옮긴이)

16) 『Palingénésie Philosophique』, t.I, p.135.

17) 『Petit porte-feuille』, p.113.

18) Lorry, 『De melancholia et morbis melancholicis』, t.I.

19) Gerard van Swieten(1700~1772). 네덜란드인 의사로 마리아 테레지아 여제의 주치의. (옮긴이)

20) 고대인이 이른바 '조심누골'(彫心鏤骨, lucubrationes)이라 부르는 행위를 말한다.

21) Carl Fredrik Pechlin(1720~1796). 스웨덴 정치가. (옮긴이)

22) Jean Viridet, 『Traité du bon chyle』, t. III, p.647.

23) Johann Georg Zimmermann(1728~1795). 스위스 의사·식물학자·철학자. (옮긴이)

24) 이 사례는 치머만 씨가 직접 자신의 책 『의학실험론』(Traité de l'expérience en Médecine)에서 정신적 긴장에 관한 장을 번역해 준 내용에 등장한다. 이 책은 현재(1774년) 프랑스어로 번역 출판되었는데, 의사뿐 아니라 많은 지식인이 즐겨 애독할 만하다.

25) 『Traité des vapeurs hystériques』, p.248.

26) Amati, 『Lusitani curat. Medicae』, p.153.

27) Préface de 『Narcisse』, œuvres diverses, t. 1, p.172.

28) 『De locis affectis』, I.5., c. 6., Charter., t. 7, p.492.

29) Friedrich Hoffmann(1660~1742). 독일 의사·화학자. (옮긴이)

30) Bruckeri, 『Vita Leibnitz II』, par. 24.

31) 『Gazette de France』, 1763년 2월 23일자.

32) 그가 사망하기 5~6시간 전, 그와 그의 아내와 나는 1시간가량 담소를 나누었다. 그는 15년 전과 별반 다르지 않은 기운과 명민한 사고를 보여 주었고, 상상력도 그때와 다름없었다. 그는 내가 보는 앞에서 바로 전날 작업했던 중요한 논문에 서명을 하려고 애썼다. 하지만 경련이 너무 심해 더 이상 자신의 행동을 통제할 수 없었다. 서명 한번 하는 것이 그에겐 아주 길고 힘겨운 노동이었다. 그래도 중요하다는 생각에 결국 기쁜 마음으로 해냈다.

33) 브랑르가 생전에 출판한 글은 외교사절의 권한과 관련한 소논문 한 편, 판사의 심문에 대한 학술 보고서 몇 편이 전부다. 당연히 소소한 저작물만으로 그의 재능과 식견의 발전상을 온전히 가늠하기란 불가능하다. 나 역시 그를 글쟁이로 바라본 적은 한 번도 없으니까. 다만 대중의 교화를 목표로 집필했을 저작물의 존재를 확인할 따름이다.

34) Torquato Tasso(1544~1595). 이탈리아 시인. (옮긴이)

35) Pierre Jurieu(1637~1713). 칼뱅파 목사로 당대 신학 논쟁을 활발히 주도한 논객. (옮긴이)

36) 18세기에 생겨나 신대륙 등지로 진출한 기독교계 신흥

종교결사체. (옮긴이)

37) Giovanni Battista Morgagni(1682~1771). 이탈리아 의사·해부학자. '해부병리학의 아버지'라 불린다. (옮긴이)

38) 『De Sedibus et causis morborum』, chap. 3, par. 13.

39) Jean François Fernel(1497~1558). 생리학이라는 용어를 처음 도입한 프랑스 의사. (옮긴이)

40) Joseph Lieutaud(1703~1780). 프랑스 의사. (옮긴이)

41) 『Historia anatomico medica』, I. 3, obs. 164., t. 2, p.184.

42) Titus Livius Patavinus(BC.59~AD.17). 고대 로마의 역사가. 『로마사』를 저술했다. (옮긴이)

43) Attalos I(BC.269~197). 도시국가 페르가몬의 왕. (옮긴이)

44) Haller, 『Elementa physiologiae』, t. 4, p.327. 치머만 씨의 저서에서도 이 질환과 관련한 아주 흥미로운 사례를 확인할 수 있다.

45) Johann Jakob Wepfer(1620~1695). 스위스 병리학자. (옮긴이)

46) 『Disputatio solennis medica, de somnambulatione』, par. 5.

47) Justus Gottfried Günz(1714~1754). 독일 안과의사.

48) 교리 교육과 동방 언어 담당 교수인 폴리에(Antoine-Louis Polier)를 말한다.

49) Bernard Le Bovier de Fontenelle(1657~1757). 프랑스 계몽주의의 선구자. (옮긴이)

50) 지방분이 섞여 젖빛으로 변한 림프액. (옮긴이)

51) Paul de Rapin de Thoyras(1661~1725). 프랑스 역사가. (옮긴이)

52) Justus Lipsius(1547~1606). 네덜란드 철학자 · 문헌학자 · 인문학자. (옮긴이)

53) 『Historia anatomico medica』, obs. 292., t. 1, p.352.

54) Jan Swammerdam(1637~1680). 네덜란드 생물학자. (옮긴이)

55) 『De subitaneis mortibus』, libr. I, chap. 22. 이탈리아 의사이자 해부학자 조반니 마리아 란치시의 견해.

56) Jacobus Triglandius(1583~1654). 네덜란드 신학자. (옮긴이)

57) Claude Favre de Vaugelas(1585~1650). 프랑스 문법학자. (옮긴이)

58) Girolamo Savonarola(1452~1498). 이탈리아 종교개혁가. (옮긴이)

59) Otto Heurnius(1577~1652). 네덜란드 의사 · 신학자 · 철학자. (옮긴이)

60) Isaac Casaubon(1559~1614). 프랑스 고전학자. (옮긴이)

61) Humphrey Prideaux(1648~1724). 영국 목사 · 동방학자. 그는 1710년 요로결석에 걸려 1712년 절개수술을 했으나, 불행하게도 남은 생애 내내 후유증을 앓다 1724년 11월 1일 방광의 누관으로 오줌이 줄줄 새는 가운데 숨을 거두었다.

62) Anne de La Vigne(1634~1684). 프랑스 시인 · 철학자. 데카르트의 추종자였다. (옮긴이)

63) Henry Briggs(1561~1630). 영국 수학자. (옮긴이).

64) Saverien, 『Histoire des progrès de l'esprit humain』, p.460.

65) Pierre Varignon(1654~1722). 프랑스 수학자. (옮긴이)

66) Vopiscus Fortunatus Plempius(1601~1671). 네덜란드 의사. (옮긴이)

67) 1662년에 작성된 이 편지는 플렘피우스의 저작 『시민의 질병 관리에 대하여』(De togatorum valetudine tuenda) 서두에 수록되어 있다.

68) 일찍이 갈레노스는 이 병의 원인을 정확히 간파했다. 그는 많은 사람이 다른 데 정신을 팔거나 게으르거나 또는 신전, 원로원, 법정에서 예의를 차린답시고 오줌을 너무 오래 참아 결국에는 배뇨 능력을 잃어버렸다고 기록했다. 『De Symptomatum causis』, lib. 3., chap. 8.

69) Tycho Brahe(1546~1601). 덴마크 천문학자. 소변을 너무 참다 정신착란을 일으키고 방광이 터져 사망했다. (옮긴이)

70) Claude Perrault(1613~1688). 프랑스 건축가 · 의사. (옮긴이)

71) Lange, 『De morbis medicorum』, p.13.

72) 치료법으로서 말이 갖는 효험에 관해서는 다음의 훌륭한 두 논문을 조회해 보는 것이 좋겠다. Alberti, 「De frequenti mystarum sermonicatione egregio sanitatis praesidio」, 1733, 「De loquelae usit medico」, 1737.

73) Hieronymus Mercurialis(1530~1606). 이탈리아 언어학자 · 의사. (옮긴이)

74) Jean-Philippe Baratier(1721~1740). 18세기 유명한 신동. (옮긴이)

75) 『L'Avis au Peuple sur sa Santé』, 1761. 당대 베스트셀러였던 의학 서적 중 하나. (옮긴이)

76) 나는 아낙사고라스가 마지막으로 남긴 유언을 떠올릴 때마다 기분이 좋아진다. 세상이 지성의 산물임을 최초로 가르친 이 유명한 철학자는 산더미 같은 보물보다 지혜 한 조각을 진정 더 원한다고 늘 이야기했다. 비종교적이라는 누명을 쓰고 아테네에서 추방당한 그가 자신의 가치를 알아주는 람프사코스로 몸을 피했을 때, 주민들은 그를 위한 제단을 세워 줄 정도로 대단히 존경했다. 훗날 숨을 거두기 직전 임종을 지키기 위해 방문한 도시 지도자들이 그에게 무얼 원하느냐 묻자 철학자는 매년 자신이 죽은 달에 모든 아이들이 실컷 뛰놀 수 있게 해 달라고 말했다. 유언은 그대로 실행되었고, 디오게네스 라에르티오스 시대에 이르기까지 관습으로 이어졌다.

77) 『Essai sur la digestion』, Berlin, 1768, p.187.

78) 그 책의 프랑스어 번역본에 실린 긴 머리말에 매우 흥미로운 그의 삶이 소개되어 있다.

79) Peter Anich(1723~1766). 오스트리아 지도 제작자. (옮긴이)

80) 『Dictionnaire des hommes illustres』, t. 3, p.167.

81) 1682년 2월 25일에 태어나 1733년에 죽은 그는 죽기 며칠 전까지도 강단에서 자신의 직무를 다했다.

82) 볼테르를 암시한다. (옮긴이)

83) 몽테스키외는 사실 피곤할 때까지 일하는 것을 피했다. 그는 과로가 얼마나 무모하고 또한 그 효과는 얼마나 보잘것없는지 잘 알았다.

84) 플루타르코스, 『도덕론』. (옮긴이)

85) 헤로디쿠스는 레온티니의 유명한 수사학자 고르기아스의 동생이다. 형인 고르기아스는 108세까지 살았는데, 이는 누구보다 동생의 충고를 귀 기울여 들었기 때문으로 보인다.

86) Agesilaus II (BC.444~360). 스파르타 에우리폰티다이 왕조의 왕. (옮긴이)

87) Quintus Mucius Scaevola 'Pontifex'(BC.140~82). 로마 정치가. 법학의 기초를 세운 인물이다. (옮긴이)

88) Publius Cornelius Scipio Africanus(BC.236~183). 한니발을 격퇴한 2차 포에니전쟁의 영웅. (옮긴이)

89) Gaius Laelius(BC.234?~160?). 고대 로마의 장군·정치가. (옮긴이)

90) Nicolas Louis de Lacaille(1713~1762). 프랑스 천문학자·측지학자. (옮긴이)

91) 모든 지식인은 지롤라모 메르쿠리알레(Girolamo Mercuriale)의 멋진 저서 『체조 기술에 관하여』(De arte gymnastica)를 필독해야 한다. 안타깝게도 라틴어로 쓰인 책이지만.

92) Antonio Cocchi(1695~1758). 이탈리아 의사·작가. (옮긴이)

93) 호라티우스, 『풍자시』 제2권. (옮긴이)

94) 수면 중 뇌혈관 팽창을 증명하는 몇 가지 현상이 있다. 매일같이 목도하는 현상으로 아이든 어른이든 자면서 이를 가는 걸 들 수 있는데, 저녁 식사가 과할수록 심하게 간다.

95) Anacreon(BC.582~485). 그리스 서정시인. 술과 사랑을 주제로 한

시의 대가다. (옮긴이)

96) Gabriel Naudé(1600~1653). 프랑스 도서관 사서이자 학자. 정치·종교·역사·초자연 현상에 관한 많은 글을 썼다. (옮긴이)

97) André Tiraqueau(1488~1558). 프랑스 법률가·정치가. 라블레의 후원자로 알려져 있다. (옮긴이)

98) P. Duncan, 『Avis salutaire contre l'abus du café, du chocolat et du thé』, Rotterdam, 1705.

99) 차와 커피가 스웨덴에서 금지되고 미국의 영국령 지역에서 차 수요가 급감하자 독일에서도 커피를 의식적으로 멀리하게 되었다.

100) 호라티우스의 『서간집』에 나오는 대목. 시적 감각이 부족한 알렉산드로스대왕을 빗대어 조롱하는 장면으로, 청명한 대기를 자랑하는 아테네 출신의 우아함과 대비를 이룬다. (옮긴이)

101) 『티마이오스』 도입부에서 말하길, "장소를 포함한 환경이 인간을 더 낫거나 더 못나게 만드는 데 적잖이 기여함을 명심하시오".

102) Claude-Jean-Baptiste Dodart(1664~1730). 루이 15세의 주치의. (옮긴이)

103) Giovanni Maria Lancisi(1654~1720). 이탈리아 의사·해부학자. 모기와 말라리아의 상관관계를 규명했다. (옮긴이)

104) Suetonius, 『De vita Caesarum』, chap. 82. 고대인의 낮잠은 아침 일찍 일어나야 하는 아주 더운 지역에서 뜨거운 한낮에 휴식을 취하는 데서 유래한 풍습이었다.

105) Anton de Hyede(1646~1702). 네덜란드 의사. (옮긴이)

106) Jan Baptista van Helmont(1580~1644). 벨기에 태생의 네덜란드 화학자 · 의사. (옮긴이)

107) Nicolaes Tulp(1593~1674). 네덜란드 외과의. (옮긴이)

108) Paul Gottlieb Werlhof(1699~1767). 독일 외과의 · 시인. (옮긴이)

109) Antoine Houdar de la Motte(1672~1731). 프랑스 시인 · 극작가 · 평론가. (옮긴이)

110) Pierre Gassendi(1592~1655). 프랑스 물리학자 · 수학자 · 철학자. (옮긴이)

111) Paolo Giovio(1483~1552). 이탈리아 역사가 · 의사 · 성직자. (옮긴이)

112) N. Leoncini(1428~1524). 이탈리아 의사. (옮긴이)

113) 장 자크 루소의 『학문과 예술에 대하여』(1759)의 논지를 지적한 말이다. (옮긴이)

114) Francisco Pizarro González(1478~1541). 잉카제국을 멸망시킨 에스파냐의 탐험가. (옮긴이)

읽고 쓰는 사람의 건강
: 장 자크 루소 주치의의 지식인을 위한 처방전

2021년 5월 24일　초판 1쇄 발행

지은이
사뮈엘오귀스트 티소

옮긴이
성귀수

펴낸이
조성웅

펴낸곳
도서출판 유유

등록
제406-2010-000032호 (2010년 4월 2일)

주소
서울시 마포구 동교로15길 30, 3층 (우편번호 04003)

전화
02-3144-6869

팩스
0303-3444-4645

홈페이지
uupress.co.kr

전자우편
uupress@gmail.com

페이스북
facebook.com/uupress

트위터
twitter.com/uu_press

인스타그램
instagram.com/uupress

편집
류현영

디자인
이기준

마케팅
송세영

제작
제이오

인쇄
(주)민언프린텍

제책
(주)정문바인텍

물류
책과일터

ISBN 979-11-89683-92-4 03470